住房和城乡建设部"十四五"规划教材

中等职业教育土木建筑大类专业"互联网+"数字化创新教材

建筑工程施工组织

张玉威　主编

李金秀　李康宁　刘晓立　副主编

刘洪斌　主审

中国建筑工业出版社

图书在版编目（CIP）数据

建筑工程施工组织 / 张玉威主编；李金秀，李康宁，
刘晓立副主编. — 北京：中国建筑工业出版社，
2021.12（2023.12重印）
住房和城乡建设部"十四五"规划教材　中等职业教
育土木建筑大类专业"互联网＋"数字化创新教材
ISBN 978-7-112-26689-0

Ⅰ．①建…　Ⅱ．①张…②李…③李…④刘…　Ⅲ．
①建筑工程-施工组织-中等专业学校-教材　Ⅳ．
①TU721

中国版本图书馆 CIP 数据核字（2021）第 214768 号

本教材依据《中等职业学校建筑工程施工专业教学标准》，参照《建筑施工
组织设计规范》GB/T 50502—2009，对接职业标准和行业企业岗位需求编写。

本教材共分为 3 篇，合计 10 个教学单元。第一篇为建筑工程施工组织概
述；第二篇为编制单位工程施工组织设计，包括编制单位工程施工组织设计准
备工作、单位工程施工组织设计编制依据、编写工程概况、制定施工部署与施
工方案、编制施工进度计划、编制施工准备与资源配置计划、绘制施工现场平
面布置图、制定主要管理措施；第三篇为单位工程施工组织设计实例。

本教材为便于信息化教学，书中附有二维码教学资源链接。本教材主要作
为中等职业学校土建类专业教材，也可作为建筑行业施工员等岗位培训教材。

为便于教学和提高学习效果，作者自制免费课件资源，索取方式为：1. 邮
箱 jckj@cabp.com.cn；2. 电话（010）58337285；3. 建工书院 http：//edu. cab-
plink. com；4. QQ 群 796494830。

教学服务群

责任编辑：司　汉　李　阳
责任校对：焦　乐

住房和城乡建设部"十四五"规划教材
中等职业教育土木建筑大类专业"互联网＋"数字化创新教材
建筑工程施工组织
张玉威　主编
李金秀　李康宁　刘晓立　副主编
刘洪斌　主审
＊
中国建筑工业出版社出版、发行（北京海淀三里河路 9 号）
各地新华书店、建筑书店经销
北京鸿文瀚海文化传媒有限公司制版
天津画中画印刷有限公司印刷
＊
开本：787 毫米×1092 毫米　1/16　印张：15¼　插页：1　字数：256 千字
2021 年 11 月第一版　2023 年 12 月第四次印刷
定价：**46.00** 元（赠教师课件）
ISBN 978-7-112-26689-0
（37830）

前　言

　　"建筑工程施工组织"是建筑工程施工专业和建筑工程造价专业的一门核心专业课，主要研究在建筑工程建造过程中，施工管理者根据国家有关技术政策、建设项目要求及施工组织原则，结合工程的具体条件，确定经济合理的施工方案，对拟建工程在人力和物力、时间和空间、技术和组织等方面统筹安排，以保证按照既定目标，优质、低耗、高速、安全地完成施工任务。本教材综合新形势下我国经济社会发展、建筑产业转型升级、职业教育改革发展新态势，紧贴岗位需求，以立德树人为根本，以培养技能型人才为目标，打造本专业学生科学组织管理建筑工程现场施工活动的专业能力。

　　本教材的编写以建筑企业相应岗位能力要求为依据，对应设定教学知识点；针对中等职业学校学生特点，注重内容的实践性、实用性和可操作性；遵循学生的认知规律，教材结构设计与岗位工作任务流程框架相对接；紧密跟踪建筑新发展，合理加入行业新概念、新知识、新工艺、新要求，准确运用新规范，使学生通过对本课程的学习具备迅速适应岗位要求的能力。

　　本教材充分融入当前职业教育改革的要求，具有以下特点：

　　1. 本教材彻底打破传统同类教材的框架，按照岗位工作流程构建教材的内容结构，使其职业性、针对性更强。尤其是将流水施工及网络计划技术两部分，融入进度计划的编制内容中，使学习者能够在施工组织设计编制的任务下进行学习，不再作为独立的部分单独出现，使施工组织设计成为一个有机的整体，有助于教学目标的达成。

　　2. 教材内容更好地体现职业标准的要求。以市场需求为逻辑起点，以建筑类施工员职业岗位职责—工作任务—工作流程的分析为依据，进行课程内容设计，融入新知识、新技术、新工艺、新标准等，突出实践实用性。选取的案例不仅有典型的钢筋混凝土框架结构施工组织设计，还有装配式钢筋混凝土结构和钢结构施工组织设计，为学生学习提供更多参考。

3. 在教材的呈现形式上，为适应线上线下混合式教学、在线学习等教学模式的需要，结合专业特点，配套开发数字化资源，以二维码（微课、动画、视频、工程文档等）、PPT 等形式为载体，形成立体化教材，充分满足教学需求。

4. 教材编写依据国家专业教学标准和职业标准（规范）等，服务学生成长成才和就业创业。对应行业企业岗位工作的具体要求，将专业教学标准、职业岗位标准、技能等级标准融入教材，并在教材中落实知识传授与价值引领同步。

5. 依托不断改革的专业教学，教材编写强化建筑工程施工组织课程内容与社会生活、职业生活的联系，有机融入职业道德、劳动精神、劳模精神和工匠精神教育，提高职业素养。

6. 教材内容体现"理论够用，实践为重"的原则。每个教学单元都提炼教学目标（知识目标、能力目标、思政目标）、插入思维导图、加入引文，据此突出本部分内容的核心能力培养，并对知识点进行梳理，便于学生抓住重点，提高学习效率。

本教材由张玉威主编，李金秀、李康宁、刘晓立任副主编。参与本教材编写的单位及人员有：河北城乡建设学校张玉威、李金秀、刘晓立、郝哲（教学单元 1.3，教学单元 2.1，教学单元 3，教学单元 6.2，教学单元 8，教学单元 10 及所有单元思维导图），青岛西海岸新区中等职业专业学校李康宁、薛梅（教学单元 6.1、6.3），陕西工商职业学院魏连威（教学单元 1.1、1.2，教学单元 4），南京高等职业技术学校陈艺（教学单元 7），湖北商贸学院余琳琳（教学单元 5），河北建研工程技术有限公司王孟浩（教学单元 2.2，教学单元 5），河北省丰宁职教中心徐福山（教学单元 2.3，教学单元 7），河北建设集团股份有限公司李晖（教学单元 10），攀枝花市建筑工程学校敬天建（教学单元 6.1），固原市职业技术学校刘勤（教学单元 9）。本教材由张玉威负责统稿、修改、定稿，河北建设集团股份有限公司高级工程师刘洪斌负责主审。

在教材编写过程中，各参编学校及单位都给予了大力支持，河北城乡建设学校正高级讲师陈志会、王军霞，高级讲师邵惠芳，河北省第二建筑工程有限公司正高级工程师曹静都提出了很多宝贵的建议，广联达科技股份有限公司为本教材提供了大量的数字化资源，在此表示衷心感谢。

由于编者水平有限，教材中难免存在缺点和错误，恳请广大读者提出宝贵意见，以利于教材改进与完善。

目 录

第三篇 单位工程施工组织设计实例

第一篇

建筑工程施工组织概述

教学单元1
建筑工程施工组织概述

Chapter 01

教学目标

1. 知识目标

了解基本建设项目的组成和建筑工程施工组织设计的分类，理解建筑工程施工组织设计的作用与特征。

2. 能力目标

知道我国现行的基本建设程序、施工程序和施工组织设计的编制内容。

3. 思政目标

通过对基本建设程序、施工组织设计及其特征的认识，引导学生建立按程序办事的规则意识，培养实事求是的工作作风。

思维导图

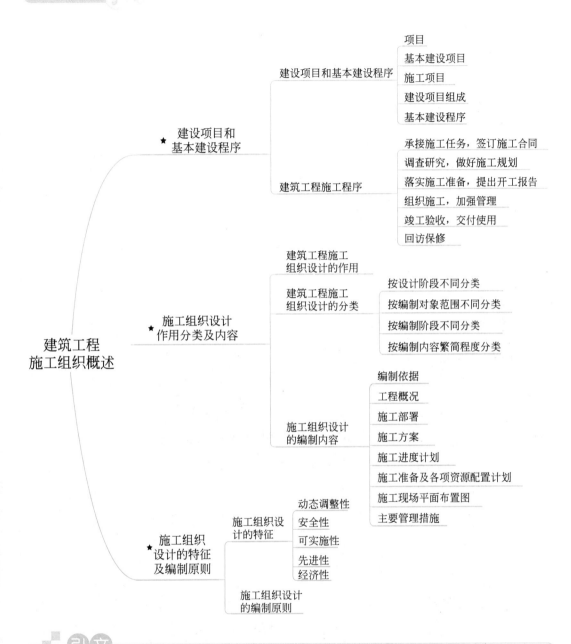

引文

　　随着社会经济发展和建筑技术的进步，现代建筑产品的施工生产已成为一项多人员、多工种、多专业、多设备、高技术、现代化的综合而复杂的系统工程，要做到提高工程质量、缩短施工工期、降低工程成本，实现安全文明施工，就必须应用科学的方法进行施工管理，统筹施工全过程。

1.1　建设项目和基本建设程序

1.1.1　建设项目和基本建设程序

1. 项目

项目是指在一定的约束条件（如限定时间、限定费用及限定质量标准等）下，具有特定的明确目标和完整组织结构的一次性任务或管理对象。项目具有三个主要特征：项目的一次性、目标的明确性和项目的整体性，只有同时具备这三个特征的任务才能称为项目。

工程项目是项目中数量最大的一类，既可以按照专业将其分为建筑工程项目、公路工程项目、水电工程项目、港口工程项目、铁路工程项目等，也可以按管理的差别将其分为建设项目、设计项目、工程咨询项目和施工项目等。

2. 基本建设项目

基本建设是指以固定资产扩大再生产为目的，国民经济各部门、各单位新增固定资产的经济活动及其有关工作。基本建设主要是通过新建、扩建、改建和恢复工程（特别是新建和扩建工程的建造）以及与其有关的工作来实现。

基本建设项目，也称为建设项目。建设项目的管理主体是建设单位，项目是建设单位实现目标的一种手段。

3. 施工项目

施工项目是施工企业自施工投标开始到保修期满为止全过程中完成的项目，是作为施工企业被管理对象的一次性施工任务。

施工项目的管理主体是施工承包企业。施工项目的范围是由工程承包合同界定的，可能是建设项目的全部施工任务，也可能是建设项目中的一个单项工程或单位工程的施工任务。

4. 建设项目组成

根据建设项目的组成内容和层次不同，按照分解管理的需要从大至小依次可分为建设项目、单项工程、单位工程、分部工程和分项工程，如图 1-1 所示。

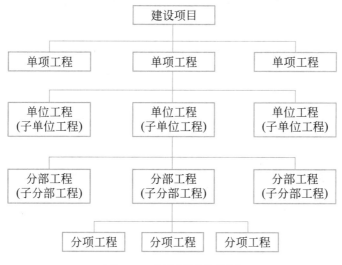

图 1-1 建设项目的分解

（1）单项工程是指具有独立的设计文件，并能独立组织施工，建成后可以独立发挥生产能力或使用功能的工程，是建设项目的组成部分。如一所学校教学楼的建设是一个单项工程。

（2）单位工程是指具有独立的设计文件，能够独立组织施工，但不能独立发挥生产能力或使用功能的工程项目。单位工程是单项工程的组成部分。如一所学校教学楼土建工程建设是一个单位工程，消防系统的建设是一个单位工程。

（3）分部工程是把单位工程中性质相近且所用工具、工种、材料大体相同的部分组合在一起的工程，是单位工程的组成部分。如混凝土工程、楼地面工程、门窗工程、墙面工程等。也可以按照工程的部位分为土方工程、基础工程、主体工程、屋面工程、装饰工程等。

（4）分项工程是分部工程的组成部分，一般是按主要工种、材料、施工工艺、设备类别等进行划分。如主体混凝土工程可分为模板、钢筋、混凝土、预应力、现浇结构、装配式结构等分项工程。

5. 基本建设程序

基本建设程序是基本建设项目从筹划建设到建成投产或交付使用的整个建

1-1
基本建设
项目组成

设过程中，各项工作必须遵循的先后顺序。工程基本建设程序主要有以下几个阶段：项目建议书阶段、可行性研究报告阶段、初步设计阶段、施工图设计阶段、建设准备阶段、建设实施阶段、竣工验收阶段、后评价阶段等。图 1-2 为一般大中型工程项目的基本建设程序。

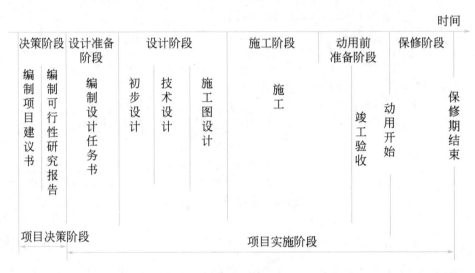

图 1-2　基本建设程序

1.1.2　建筑工程施工程序

建筑工程施工程序是指在整个工程项目实施阶段必须遵循的一般顺序，分为承接任务、施工规划、施工准备、组织施工、竣工验收和回访保修这 6 个步骤。

1. 承接施工任务，签订施工合同

目前，承接施工任务的方式主要是通过招标投标，该方式已成为建筑企业承揽工程的主要渠道，也是建筑业市场成交工程的主要形式。承接工程项目后，施工单位必须与建设单位（甲方）签订施工合同，确保工程的顺利实施和结算。

2. 调查研究，做好施工规划

甲乙双方签订施工合同后，施工总承包单位首先应对当地技术经济条件、气候条件、地质条件、施工环境、现场条件等做进一步调查分析，做好任务摸

底；其次，要部署施工力量，确定分包项目，寻求分包单位，签订分包合同。

3. 落实施工准备，提出开工报告

施工准备工作是保证按计划完成施工任务的关键和前提，其基本任务是为施工创造必要的技术和物质条件。施工准备工作通常包括技术准备、物资准备、劳动组织准备、施工现场准备和施工场外准备等。

当施工准备工作的各项内容已完成，并满足开工条件，且办理了施工许可证，即可申请开工报告。

4. 组织施工，加强管理

开工报告获批后，即可进行工程的全面施工。此阶段是整个工程实施中最重要的一个阶段，决定了施工工期、产品质量、成本和施工企业的经济效益。因此，要做好"三控（成本、进度、质量控制）、三管（安全、合同、信息管理）、一协调（组织与协调）"。

5. 竣工验收，交付使用

竣工验收是施工的最后一个阶段，也是对建设项目设计和施工质量的全面考核。根据国家有关规定，所有建设项目和单项工程建成后，必须进行工程检验与备案，凡是质量不合格的工程不予交付使用。在工程施工阶段，施工单位首先应自检合格，确认具备竣工验收的各项要求，并经监理单位认可后，向建设单位提交工程验收报告。

6. 回访保修

在法定及合同规定的保修期内，对出现质量缺陷的部位进行返修，以保证满足原有的设计质量和使用要求。定期回访和保修，提高企业信誉。

1.2 施工组织设计作用分类及内容

1.2.1 建筑工程施工组织设计的作用

施工组织设计是用以指导施工组织与管理、施工准备与实施、施工控制与

协调、资源配置与使用等全面性的技术经济文件，是对施工活动的全过程进行科学管理的重要手段。

若施工图设计是解决建造什么样的建筑物产品，则施工组织设计就是解决如何建造的问题。由于受建筑产品及其施工特点的影响，每个工程项目开工前，都必须根据工程特点与施工条件来编制施工组织设计。其作用具体表现在：

（1）施工组织设计既是施工准备工作的重要组成部分，又是做好施工准备工作的依据和保证。

（2）施工组织设计是对拟建工程全过程实行科学管理的重要手段，是编制施工预算和施工计划的依据，是建筑企业合理组织施工和加强项目管理的重要措施。

（3）施工组织设计是统筹安排施工企业生产的投入与产出过程的关键和依据，如图 1-3 所示。

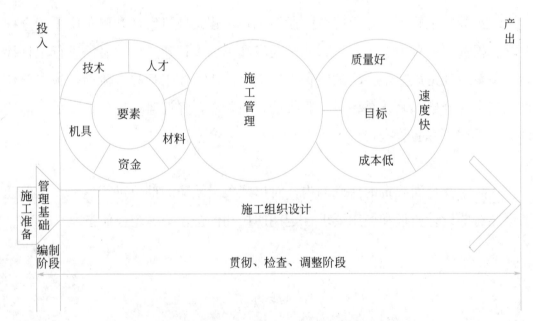

图 1-3　施工企业生产的投入与产出过程的统筹安排

（4）施工组织设计是协调施工中各种关系的依据，把拟建工程的设计与施工，业主、监理与施工，技术与经济，施工企业的全部施工安排与具体工程的施工组织工作更加紧密地结合起来；把直接参与施工的各单位、协作单位之间的关系，以及各施工阶段和过程之间的关系更好地协调起来。

1.2.2　建筑工程施工组织设计的分类

1. 按设计阶段不同分类

施工组织设计的编制一般是与设计阶段相配合，如图 1-4 所示。

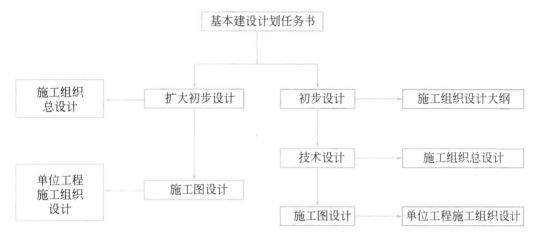

图 1-4　按设计阶段不同进行施工组织设计的分类

2. 按编制对象范围不同分类

施工组织设计按编制对象范围的不同可分为施工组织总设计、单位工程施工组织设计、施工方案。这三种施工组织设计的区别见表 1-1。

施工组织总设计、单位工程施工组织设计、施工方案的区别　　　　表 1-1

种类	编制对象	编制单位、人员	编制的作用
施工组织总设计	建设项目	总承包的总工程师	指导整个建筑群或建设项目施工,属于全局性规划性的控制型技术文件
单位工程施工组织设计	单位工程	直接组织施工的项目经理部技术负责人	指导单位工程施工,较具体化、详细化,属于实施指导型技术经济文件
施工方案	分部(分项)工程	单位工程的技术人员或分包方的技术人员	用于专业工程具体的作业设计,是单位工程施工组织设计更具体、更细化的操作型技术经济文件

3. 按编制阶段不同分类

施工组织设计按编制阶段不同分为投标阶段施工组织设计和实施阶段施工组织设计。两种施工组织设计的区别见表 1-2。

中标前和中标后施工组织设计的区别　　　　表 1-2

种类	编制时间	应用阶段	编制的作用	追求主要目标
投标阶段施工组织设计	投标书编制前	投标与签约	投标与签约	中标和经济效益
实施阶段施工组织设计	签约后、开工前	施工准备到验收	项目管理	施工效率和效益

4. 按编制内容繁简程度分类

（1）完整施工组织设计

对于工程规模大、结构复杂、技术要求高，采用新结构、新技术、新材料和新工艺的拟建工程项目，必须编制内容详尽的完整的施工组织设计。

（2）简单施工组织设计

对于工程规模小、结构简单、技术要求和工艺方法不复杂的拟建工程项目，可以编制仅包括施工方案、施工进度计划和施工总平面布置图等内容的粗略施工组织设计。

1.2.3　施工组织设计的编制内容

单位工程施工组织设计一般包括编制依据、工程概况、施工部署与施工方案、施工进度计划、施工准备与资源配置计划、施工现场平面布置及主要管理措施等基本内容。施工组织设计应实行动态管理。

1. 编制依据

编制依据主要包括：与工程建设有关的法律法规和文件、国家现行的有关标准、工程所在地区行政部门的批准文件、建设单位对施工的要求、工程施工合同及招标投标文件、工程所在地环境情况等。

2. 工程概况

工程概况主要包括：工程主要情况、各专业设计简介和工程施工条件等。

3. 施工部署

施工部署主要包括：工程施工目标、进度安排和空间组织、工程施工的重点。项目经理部的工作岗位设置及其职责划分，对主要分包工程施工单位的选择要求及管理方式等。

4. 施工方案

施工方案主要包括：确定总的施工顺序、确定施工流向，划分主要分部分项工程及选择施工方法，划分施工段，选择施工机械，拟定技术组织措施等。

5. 施工进度计划

施工进度计划主要包括：划分施工过程，计算工程量、劳动量、机械台班量、施工班组人数、工作班次、工作持续时间，确定分部分项工程（施工过程）施工顺序及搭接关系，绘制进度计划表等。

6. 施工准备工作及各项资源配置计划

施工准备工作计划主要包括：施工前的技术准备，现场准备，机械设备、工具、材料、构件和半成品的准备，并编制准备工作计划表。

资源配置计划主要包括：材料配置计划、劳动力配置计划、构件及半成品构件配置计划、机械配置计划等。

7. 施工现场平面布置图

施工现场平面布置图主要包括：工程施工场地状况，拟建建（构）筑物的位置、轮廓尺寸、层数等，施工现场的加工设施、存贮设施、办公和生活用房等的位置和面积，布置在工程施工现场的垂直运输设施、供电设施、供水供热设施、排水排污设施和临时施工道路等，施工现场必备的安全、消防、保卫和环境保护等设施，相邻的地上、地下既有建（构）筑物及相关环境。

8. 主要管理措施

主要管理措施包括：工程质量保证措施、安全生产保证措施、文明施工环境保护保证措施、扬尘治理措施等。

1.3 施工组织设计的特征及编制原则

1.3.1 施工组织设计的特征

施工组织设计是指围绕一个工程项目或一个单项工程的整个施工进程及各施工环节的相互关系进行的战略性或战术性部署。施工组织设计具有如下特征：

1. 动态调整性

当工程设计有重大修改时，施工方案就会发生重大变化，如地基基础或主体结构形式发生变化、装修材料或做法发生重大变化、机电设备系统发生大的调整等，需要及时对施工组织设计进行修改。

当有关法律、法规、规范和标准实施、修订和废止，并涉及工程的实施、检查或验收时，施工组织设计需要进行修改。

当主要施工资源配置有重大调整，如机械设备、物资、劳动力供求发生较大变化，并且影响到施工方法的变化或对施工进度、质量、安全环境、造价等造成潜在的重大影响时，需对施工组织设计进行修改或补充。

当施工环境发生重大改变，如施工延期造成季节性施工方法变化，施工场地变化造成现场布置和施工方式改变等，致使原来的施工组织设计已不能正确地指导施工时，需对施工组织设计进行修改或补充。

施工组织设计的贯彻、检查和调整是一项经常性的工作，要随着施工的进展情况，不断反馈与调整，并贯穿拟建工程项目施工过程的始终。

2. 安全性

现代建筑施工过程是一项复杂的生产活动，也存在很多潜在的不安全因素。为了确保工程施工过程中的安全，必须事先针对施工现场周边环境、人员素质、机械设备使用、临时用电设施、施工工艺选择和设计图纸的预先分析，有针对性地制定安全技术措施，更好地控制和消除施工过程中的不安全因素，保证工程施工顺利进行。

3. 可实施性

施工阶段的施工组织设计是在施工阶段中实施并不断加以完善的过程，是编制工程项目作业计划、制定季度计划和月度施工计划的重要依据，其施工组织设计必须具有实施性。不可将投标阶段的技术标标书用作实施的施工组织设计。

4. 先进性

施工组织设计要体现先进与创新，积极采用新技术、新设备、新工艺、新材料。针对工程项目特点及难点，进行分析研究与创新，制定应对措施。

5. 经济性

1-2
单位工程
施工组织
设计的
编制程序

施工组织设计是技术性与经济性相统一的文件。要对各种实现目标的计划进行资源、经济诸方面的可行性分析，对各种设计变更和其他工程变更方案进行技术经济分析，以尽量减少对计划目标实现的影响。同时要编制资金使用计划，制定资金保障措施。

1.3.2　施工组织设计的编制原则

施工组织设计的编制必须遵循工程建设程序，并应符合下列原则：

（1）符合施工合同或招标文件中有关工程进度、质量、安全、环境保护、造价等方面的要求。

（2）积极开发、使用新技术和新工艺，推广应用新材料和新设备。企业应当积极利用工程特点，组织开发、创新施工技术和施工工艺。

（3）坚持科学的施工程序和合理的施工顺序，采用流水施工和网络计划等方法，科学配置资源，合理布置现场，采取季节性施工措施，实现均衡施工，达到合理的经济技术指标。

（4）采取技术和管理措施，加强信息化技术在管理上的应用，推广建筑节能和绿色施工。

（5）与质量、环境和职业健康安全三个管理体系有效结合。

单元小结

施工组织设计是用以指导施工组织与管理、施工准备与实施、施工控制与协调、资源配置与使用等全面性的技术经济文件，是对施工活动的全过程进行科学管理的重要手段。

根据建设项目的组成内容和层次不同，按照分解管理的需要从大至小依次可分为建设项目、单项工程、单位工程、分部工程和分项工程。

建筑工程施工程序是指在整个工程项目实施阶段必须遵循的一般顺序。分为承接任务、施工规划、施工准备、组织施工、竣工验收和回访保修。

基本建设程序是基本建设项目从筹划建设到建成投产或交付使用的整个建设过程中，各项工作必须遵循的先后顺序，我国工程基本建设主要程序有：项目建议书阶段、可行性研究报告阶段、初步设计文件阶段、施工图设计阶段、建设准备阶段、建设实施阶段、竣工验收阶段、后评价阶段。

施工组织设计按设计阶段和编制对象不同，分为施工组织总设计、单位工程施工组织设计和施工方案。按编制阶段不同分为投标阶段施工组织设计和实施阶段施工组织设计。

单位工程施工组织设计一般包括：编制依据、工程概况、施工部署、施工进度计划、施工准备与资源配置计划、主要施工方法、施工现场平面布置及主要施工管理措施等基本内容。

施工组织设计具有可动态调整性、先进性、安全性、实施性、经济性等特征。

施工组织设计的编制必须遵循工程建设程序并符合相关要求。

实训练习题

一、填空题

1. 根据建设项目的组成内容和层次不同，按照分解管理的需要建设项目从大至小依次可分可将分解为_____、_____、_____、_____。

2. 施工组织设计按编制对象范围的不同分为_____、_____和_____。

3. "三控、三管、一协调"指：_____、_____、_____、_____、_____、_____、_____。

二、单项选择题

1. 在建设项目中，凡具有独立的设计文件，竣工后可以独立发挥生产能力或投资效益的工程，称为（　　）。

A. 投资估算　　　　　　　　　　　B. 单项工程

C. 单位工程　　　　　　　　　　　D. 分部工程

2. 钢筋混凝土工程属于（　　）。

A. 分项工程　　　　　　　　　　　B. 单项工程

C. 单位工程　　　　　　　　　　　D. 分部工程

3. 分部工程施工组织设计应突出（　　）。

A. 全局性　　　　　　　　　　　　B. 综合性

C. 作业性　　　　　　　　　　　　　D. 指导性

4. 建设工程施工质量验收的基本单元是（　　　）。

A. 施工过程的质量验收　　　　　　　B. 项目竣工质量验收

C. 检验批和分项工程　　　　　　　　D. 分项工程和分部工程

5. 施工组织总设计的编制对象为（　　　）。

A. 群体工程　　　　　　　　　　　　B. 分部工程

C. 专项工程　　　　　　　　　　　　D. 单位工程

6. 在施工管理过程中，影响系统目标实现的因素中（　　　）起决定性作用。

A. 人　　　　　　B. 组织　　　　　　C. 方法　　　　　　D. 工具

7. 拟建建设项目在建设过程中各项工作必须遵循的先后顺序为（　　　）。

A. 建筑施工程序　　　　　　　　　　B. 基本建设顺序

C. 基本建设程序　　　　　　　　　　D. 建筑施工顺序

8. 下列（　　　）不属于施工现场准备。

A. 三通一平　　　　　　　　　　　　B. 测量放线

C. 搭设临时设施　　　　　　　　　　D. 地方材料准备

9. 可行性研究报告属于项目基本建设程序中的（　　　）阶段。

A. 质量保修　　　　　　　　　　　　B. 建设准备

C. 建设实施　　　　　　　　　　　　D. 建设决策

10. 建设准备阶段的工作中心是（　　　）。

A. 工程实施　　　　　　　　　　　　B. 施工准备

C. 勘察设计　　　　　　　　　　　　D. 可行性研究

三、多项选择题

1. 施工组织设计按编制对象范围不同可分为（　　　）。

A. 单位工程施工组织设计　　　　　　B. 施工方案

C. 投标阶段施工组织设计　　　　　　D. 实施阶段施工组织设计

2. 基本建设程序可划分为（　　　）。

A. 实施阶段　　　　　　　　　　　　B. 决策阶段

C. 监理阶段　　　　　　　　　　　　D. 竣工验收阶段

3. 建筑产品的特点包括（　　　）。

A. 工艺性   B. 庞大性

C. 多样性   D. 复杂性

四、案例分析题

1.【背景资料】某建筑工程项目，经过公开招标选择了一家施工单位来承担此项目的施工任务，施工单位在充分研究了施工技术资料、工程设计文件及合同条款等资料后，确定了该工程项目的施工顺序，并编制了施工组织设计。

【问题】

施工单位编制的施工组织设计包括哪些内容？与标前施工组织设计有何区别？

2.【背景资料】某施工单位作为总承包商，承接某写字楼工程，合同规定该工程的开工日期为 2021 年 7 月 1 日，竣工日期为 2022 年 9 月 25 日，施工单位编制了施工组织设计。

施工过程中发生了如下事件：在主体结构施工前，与主体结构施工密切相关的某国家标准发生了重大修改并开始实施，现场监理机构要求修改施工组织设计，重新审批后才能组织实施。

【问题】

（1）一般工程的施工程序应当如何安排？

（2）除了事件中国家标准发生重大修改的情况外，还有哪些情况发生后也需要修改施工组织设计并重新审批？

1-3
教学单元1
参考答案

编制单位工程施工组织设计

第一篇

Chapter 02

教学单元 2
编制单位工程施工组织设计准备工作

教学目标

1. 知识目标

了解编制单位工程施工组织设计准备工作的内容，熟悉施工图纸、调查研究与资料收集、考察施工现场的具体工作与内容。

2. 能力目标

通过熟悉图纸掌握工程的相关信息，会进行调查研究与资料收集，知道如何进行施工现场考察，以充分做好施工组织设计编制的准备工作。

3. 思政目标

通过熟悉图纸、调查研究与资料收集、考察施工现场等编制施工组织设计前的准备工作内容的学习，让学生懂得只有通过深入调查研究、掌握实际情况，才能编制出符合实际的有针对性和指导性的文件，培养学生重视调查研究这一基础性工作的意识，养成良好的工作习惯。

思维导图

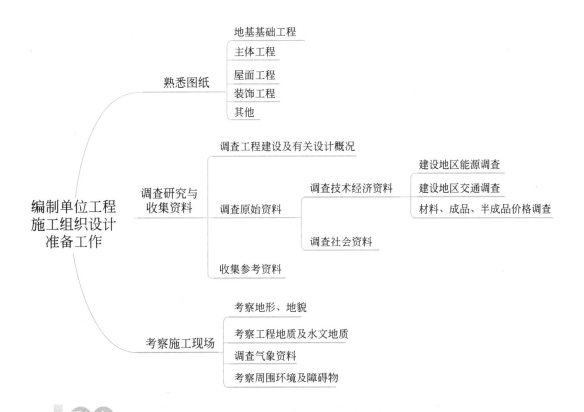

引文

　　单位工程施工组织设计是施工的重要指导性文件，编制得科学合理，才能起到真正的指导作用。因此，在编制前需要进行全方位的调查研究、收集相关资料、熟悉施工图纸等准备工作。

2.1　熟悉图纸

　　要做好一个单位工程的施工组织设计，就要先熟悉图纸，明确工程内容，分析工程特点，为编制施工方案做好准备。

　　在熟悉图纸时，首先要熟悉拟建工程的功能，然后将建筑施工图、结构施工图、设备施工图、文字说明等结合起来，前后对照读图，并且通过熟悉图纸确定与施工有关的准备工作项目。

2.1.1　地基基础工程

对地基基础工程主要熟悉的内容有：地基处理方法，基础的平面布置，基础的构造做法及材料，基础的形式、埋深，垫层做法，防潮层的位置及做法，变形缝的位置及做法，桩位布置，桩承台位置等。

2.1.2　主体工程

对主体工程主要熟悉的内容有：主体结构的形式、柱距、所用混凝土强度等级，墙、柱与轴线的关系，梁板柱等构件的配筋，楼梯间的构造，定位轴线间尺寸，门窗洞口位置及尺寸，变形缝位置及尺寸等。

2.1.3　屋面工程

对屋面工程主要熟悉的内容有：屋面构造层次及防水做法，屋面排水坡度等。

2.1.4　装饰工程

对装饰工程主要熟悉的内容有：内、外墙面和顶棚、楼面、地面等装饰做法和所用材料，门窗形式及材料，变形缝的做法及防水处理要求，防火、保温、隔热、高级装修的材料及做法。

2.1.5　其他

熟悉图纸时要考虑土建和设备安装的配合关系，以及施工时如何交叉衔接，还要考虑设计与施工条件是不是相符，如果需要采取特殊施工方法和特定技术措施时，技术上以及设备施工条件上有没有困难等。

2.2 调查研究与收集资料

建筑工程施工涉及内容广、情况多变、问题复杂，要编制出符合实际情况、切实可行、质量较高的施工组织设计，就必须搞好调研工作，熟悉工程项目所在地区的技术经济条件、社会情况等，这就需要调查或收集一些相关的资料。

2.2.1　调查工程建设及有关设计概况

调查工程建设及有关设计概况是对建设单位与勘察设计单位进行的调查工作。见表 2-1。

对建设单位与勘察设计单位的调查　　　　　　　　表 2-1

序号	调查单位	调查内容	调查目的
1	建设单位	1. 建设项目设计任务书、有关文件 2. 建设项目性质、规模、生产能力 3. 生产工艺流程、主要工艺设备名称及来源、供应时间、分批和全部到货时间 4. 建设期限、开工时间、交工先后顺序、竣工投产时间 5. 总概算投资、年度建设计划 6. 施工准备工作内容、安排、工作进度表	1. 施工依据 2. 项目建设部署 3. 制定主要工程施工方案 4. 规划施工总进度 5. 安排年度施工计划 6. 规划施工现场 7. 确定占地范围
2	勘察设计单位	1. 建设项目总平面规划 2. 工程地质勘察资料 3. 水文勘察资料 4. 项目建筑规模、建筑、结构、装修概况、总建筑面积、占地面积 5. 单项(单位)工程个数 6. 设计进度安排 7. 生产工艺设计、特点 8. 地形测量图	1. 规划施工总平面图 2. 规划生产施工区、生活区 3. 规划施工总进度 4. 计算平整场地土石方量 5. 确定地基、基础的情况

2.2.2　调查原始资料

1. 调查技术经济资料

（1）建设地区能源调查

能源一般指水源、电源、气源、通信、网络资源等。对能源进行调查主要是为选择施工用临时供水、供电、供气及通信方式提供依据。

（2）建设地区交通调查

交通运输方式一般有铁路、公路、水路、航空等。对交通进行调查主要为组织施工运输业务、选择运输方式提供依据。

（3）材料、成品、半成品价格调查

这项调查的内容包括地方资源和建筑企业情况。对主要材料、成品和半成品进行调查是为确定材料供应、储存、设备订货及租赁、构配件及制品等货源的加工方式、规划临时设施等提供依据。见表 2-2 和表 2-3。

地方建筑材料及构件生产企业情况调查分析　　　　表 2-2

序号	企业名称	产品名称	规格质量	单位	生产能力	供应能力	生产方式	出厂价格	运距	运输方式	单位运价	备注

地方资源情况调查分析　　　　表 2-3

序号	材料名称	产地	储存量	质量	开采(生产)量	开采费	出厂价	运距	运费	供应的可能性

2. 调查社会资料

社会资料主要包括建设地区的政治、经济、文化、科技、民俗等，其中对社会劳动力和生活设施的调查可作为安排劳动力、布置临时设施的依据。

2.2.3　收集参考资料

在编制施工组织设计时，为弥补原始资料的不足，还可以借助一些相关的参考资料作为编制依据。收集的参考资料可以是现有的施工定额、施工手册、类似工程的施工组织设计实例等。

2-1
建筑施工的
调查研究与
收集资料

2.3 考察施工现场

考察施工现场主要是了解建设地点的地形、地貌、水文、气象以及场址周围环境和障碍物等，并为确定工程的施工方法和技术措施提供依据。

2.3.1 考察地形、地貌

主要是对水准点及控制桩的位置、现场地形及地貌特征、勘察高程及高差等进行考察。地形简单的施工现场，一般采用目测和步测；对场地地形复杂的，可用测量仪器进行观测，也可向规划部门、建设单位、勘察单位进行调查。考察与调查的目的是为设计施工平面图提供依据。

2.3.2 考察工程地质及水文地质

工程地质包括地层构造、土层的类别及厚度、土的性质、承载力及地震类别等；水文地质包括地下水质量、含水层厚度、地下水流向、流量、流速、最高和最低水位等。这些内容的调查，主要采取观察的方法，如直接观察附近的土坑、沟道的断层，附近建筑物的地基情况，地面排水方向和地下水汇集情况等。还可由建设单位、设计单位、勘察单位等进行调查，作为选择基础施工方法、地基处理方法及地下障碍物拆除方法的依据。

2.3.3 调查气象资料

气象资料主要包括气温、雨情和风情等资料。考察内容主要是作为冬雨期施工及制定高空作业和吊装措施的依据。

2.3.4　考察周围环境及障碍物

此项考察的主要内容包括：施工区域现有建筑物、构筑物、树木、沟渠、电力架空线路、地下管道、人防工程、埋地电缆、枯井等。这些资料通过现场踏勘，并由建设单位、设计单位等调查取得，作为施工现场平面布置的依据。

现场考察的相关内容见表 2-4。

自然条件调查表　　　　　　　　　　　　　　　　表 2-4

1		气象资料	
(1)	气温	1. 全年各月平均温度 2. 最高温度、月份；最低温度、月份 3. 冬期、夏期室外计算温度 4. 霜、冻、冰雹期 5. 小于 −3℃、0℃、5℃的天数，起止日期	1. 制定防暑降温措施 2. 确定全年正常施工天数 3. 制定冬期施工措施 4. 制定施工措施
(2)	降雨	1. 雨期起止时间 2. 全年降水量，日最大降水量 3. 全年雷暴日数、时间 4. 全年各月平均降水量	1. 制定雨期施工措施 2. 制定现场排水、防洪措施 3. 制定防雷措施 4. 雨天天数估计
(3)	风	1. 主导风向频率（风玫瑰图） 2. 不小于 8 级风全年天数、时间	1. 布置临时设施 2. 制定高空作业及吊装措施
2		工程地形、地质	
(1)	地形	1. 区域地形图 2. 工程位置地形图 3. 工程建设地区的城市规划 4. 控制桩、水准点的位置 5. 地形地质的特征	1. 选择施工用地 2. 合理布置施工总平面图 3. 计算现场平整土方量 4. 障碍物及数量 5. 拆迁和清理施工现场
(2)	地质	1. 钻孔布置图 2. 地质剖面图（各层土的特征、厚度） 3. 地质稳定性 4. 地基土强度的结论，各项物理力学指标：天然含水量、孔隙比、渗透性、压缩性指标、塑性指数、地基承载力 5. 软弱土、膨胀土、湿陷性黄土分布情况；最大冻结深度 6. 防空洞、枯井、土坑、古墓、洞穴，地基土破坏情况 7. 地下管网、地下构筑物	1. 选择土方施工方法 2. 确定地基处理方法 3. 制定基础、地下结构施工措施 4. 制定障碍物拆除计划 5. 设计基坑开挖方案

续表

序号	项目	调查内容	调查目的
(3)	地震	地震设防烈度的大小	明确对地基、结构的影响,施工注意事项
3		工程水文地质	
(1)	地下水	1. 最高、最低水位及时间 2. 流向、流速、流量 3. 水质分析 4. 抽水试验、测定水量	1. 制定土方及基础工程施工方案 2. 制定降低地下水位方法、措施 3. 判定侵蚀性质及施工注意事项 4. 使用、饮用地下水的可能性
(2)	地面水(地面河流)	1. 临近的江河湖泊及距离 2. 洪水、平水、枯水时期,其水位、流量、流速、航道深度,通航可能性 3. 水质分析	1. 确定临时给水方案 2. 确定航运组织
4		周围环境及障碍物	
	周围环境	1. 施工区域现有建筑物、构筑物、沟渠、树木、土堆、高压输变电线路等 2. 临近建筑坚固程度,及其中人员工作生活、健康状况	1. 制定拆迁、拆除方案 2. 做好保护工作 3. 合理布置施工现场 4. 合理安排施工进度

单元小结

　　在熟悉图纸时,要从施工的角度读图,熟悉拟建工程的功能,并将建筑施工图、结构施工图、设备施工图、文字说明等结合起来,前后对照读图,通过熟悉图纸确定与施工有关的准备工作项目。

　　调查原始资料包括调查技术经济资料和社会资料。技术经济资料调查包括建设地区能源调查、建设地区交通调查和材料、成品、半成品价格调查;社会资料主要包括建设地区的政治、经济、文化、科技、民俗等。

　　收集参考资料主要是收集现有的施工定额、施工手册、类似工程的施工组织设计实例等。

　　考察施工现场主要是考察工程所在地的地形、地貌,工程地质及水文地质,气象资料,周围环境及障碍物等。

实训练习题 🔍

一、多项选择题

1. 编制单位工程施工组织设计前，要熟悉的主体工程施工图纸内容包括
(　　)。

A. 主体结构的形式

B. 柱距及墙、柱与轴线的关系

C. 梁柱的配筋

D. 伸缩缝、沉降缝、防震缝的位置及尺寸

2. 编制单位工程施工组织设计前，要熟悉的基础工程施工图纸内容包括
(　　)。

A. 基础平面布置　　　　　　　　B. 基础的构造做法及材料

C. 基础形式、埋深　　　　　　　D. 桩位布置

3. 编制单位工程施工组织设计前，需向勘察设计单位进行的调查工作包
括 (　　)。

A. 工程地质勘察资料　　　　　　B. 水文勘察资料

C. 地形测量图　　　　　　　　　D. 总概算投资

4. 进行原始资料调查时，技术经济资料包括 (　　)。

A. 建设地区能源调查

B. 建设地区的政治、经济、文化、民俗调查

C. 材料、成品、半成品价格调查

D. 建设地区交通调查

5. 工程地形、地质考察的内容包括 (　　)。

A. 工程建设地区的城市规划　　　B. 地形地质的特征

C. 地震设防烈度　　　　　　　　D. 控制桩、水准点的位置

6. 进行气象资料调查的目的是 (　　)。

A. 作为冬雨期施工的依据

B. 作为制定高空作业措施的依据

C. 作为施工现场平面布置的依据

D. 作为制定吊装措施的依据

二、案例分析题

【背景资料】位于××省建设大街与中心路交口西南角的中心小学教学楼工程项目，计划于 2021 年 4 月 25 日开工建设，为编制本工程的施工组织设计进行施工现场考察。

请说明施工现场考察的工作内容及考察目的。

2-2
教学单元2
参考答案

Chapter 03

教学单元 3
单位工程施工组织设计编制依据

教学目标

1. 知识目标

掌握单位工程施工组织设计的编制依据。

2. 能力目标

能够根据工程的实际情况全面综合考虑编制依据，以制定科学合理的施工组织设计。

3. 思政目标

本单元从国家层面、地方层面、项目层面进行施工组织设计编制依据的汇总，通过学习，加强学生遵守国家法律法规，从实际出发，科学规范开展工作的意识。

思维导图

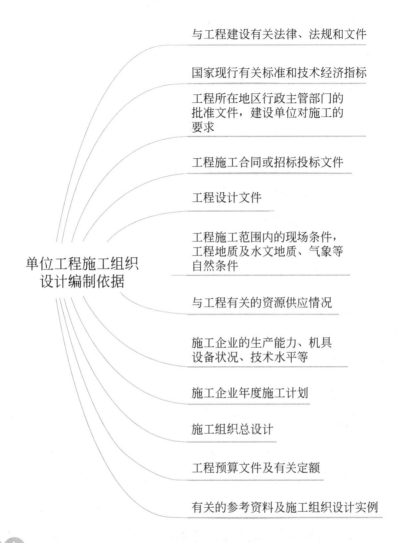

单位工程施工组织设计编制依据

- 与工程建设有关法律、法规和文件
- 国家现行有关标准和技术经济指标
- 工程所在地区行政主管部门的批准文件，建设单位对施工的要求
- 工程施工合同或招标投标文件
- 工程设计文件
- 工程施工范围内的现场条件，工程地质及水文地质、气象等自然条件
- 与工程有关的资源供应情况
- 施工企业的生产能力、机具设备状况、技术水平等
- 施工企业年度施工计划
- 施工组织总设计
- 工程预算文件及有关定额
- 有关的参考资料及施工组织设计实例

引文

　　施工组织设计是用以指导施工组织与管理、施工准备与实施、施工控制与协调、资源的配置与使用等全面性的技术、经济文件，是对施工活动的全过程进行科学管理的重要手段。单位工程施工组织设计必须在工程开工前编制完成，以作为工程施工技术资料准备的重要内容和施工依据。

　　通过编制施工组织设计文件，可以针对工程特点、施工环境的各种具体条件，按照客观规律组织施工。科学的施工组织设计，需要依据以下内容进行编制：

1. 与工程建设有关的法律、法规和文件

主要包括《中华人民共和国建筑法》《中华人民共和国民法典》《中华人民共和国招标投标法》等法律，《建设工程质量管理条例》《建设工程安全生产管理条例》等法规以及《房屋建筑工程质量保修办法》《房屋建筑工程和市政基础设施工程竣工验收备案管理暂行规定》等部门规章。

2. 国家现行有关标准和技术经济指标

国家现行有关标准主要包括《建筑工程施工质量验收统一标准》GB 50300—2013 等 14 项建筑工程施工质量验收规范等。

建筑技术经济指标包括用地规划（总平面图）和单体建筑两个方面，主要包括容积率、绿地率、建筑密度、建筑面积等评价指标。

3. 工程所在地区行政主管部门的批准文件，建设单位对施工的要求

主要包括上级部门对工程的有关指示和要求、建设单位对施工的要求、施工合同中的有关规定等。

4. 工程施工合同或招标投标文件

主要包括招标文件、投标文件、中标通知书、工程施工合同等。

5. 工程设计文件

主要包括单位工程的全套施工图纸、图纸会审纪要及有关标准图集等。

6. 工程施工范围内的现场条件，工程地质及水文地质、气象等自然条件

主要包括施工现场供水、供电、供热的情况及可借用作为临时办公、仓库、宿舍的施工用房；高程、地形、地质、水文、气候条件、交通运输、现场障碍物等情况以及工程地质勘察报告、地形图、测量控制网等。

7. 与工程有关的资源供应情况

主要包括材料及预制加工品的生产及供应情况、机械设备供应情况、劳动力供应情况等。

8. 施工企业的生产能力、机具设备状况、技术水平等

主要包括施工单位的机械、运输、劳动力和企业管理、技术水平情况等。

9. 施工企业年度施工计划

主要包括本工程开、竣工日期的规定，以及与其他项目穿插施工的要求等。

10. 施工组织总设计

本工程是整个建设项目中的一个项目，应把施工组织总设计作为编制依据。

11. 工程预算文件及有关定额

应有详细的分部分项工程量，必要时应有分层、分段、分部位的工程量，使用的预算定额和施工定额。

3-1
某钢结构工程
施工组织设计
编制依据

12. 有关的参考资料及施工组织设计实例

单元小结

　　单位工程施工组织设计的编制依据主要包括与工程建设有关的法律、法规和文件，国家现行有关标准和技术经济指标，工程所在地区行政主管部门的批准文件，建设单位对施工的要求，工程施工合同或招标投标文件，工程设计文件，工程施工范围内的现场条件，工程地质及水文地质、气象等自然条件，与工程有关的资源供应情况及施工企业的生产能力、机具设备状况、技术水平等。

实训练习题

一、多项选择题

1. 下列哪些内容是单位工程施工组织设计的编制依据（　　）？

A. 工程设计文件　　　　　　　B. 工程地质条件

C. 工程施工合同　　　　　　　D. 可行性研究报告

E. 与工程有关的资源供应情况

2. 与工程建设有关的法律包括（　　）。

A.《中华人民共和国建筑法》

B.《中华人民共和国民法典》

C.《中华人民共和国招标投标法》

D.《民用建筑工程室内环境污染控制标准》

E.《建设工程安全管理条例》

二、案例分析题

【背景资料】某单位综合办公楼位于深圳市罗湖区沿河北路以东，西侧与罗湖法院、检察院现址隔路相对，东面为东湖公园，南面为待建空地。施工单位为使该工程质量达到国家合格标准，更好、更快地交出让业主满意的精品工程，现制定《综合办公楼施工组织设计》作为指导施工的技术性文件。

请列出编制此施工组织设计的依据有哪些。

3-2
教学单元3
参考答案

Chapter 04

教学单元**4**
编写工程概况

教学目标

1. 知识目标

掌握单位工程施工组织设计工程概况的内容。

2. 能力目标

能完整描述工程概况，并能够进行工程施工条件分析。

3. 思政目标

工程概况编写是对工程项目基本情况的准确客观全面描述，通过学习，培养学生理性、客观、公正地表述及看待问题的习惯，并将这种理念进行传播。

思维导图

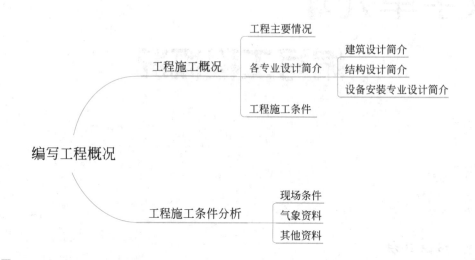

■ 引文

　　工程概况是工程项目的基本情况。对于工程概况的描述需要准确全面，以便于施工管理，提高建筑工程施工的计划性、预见性和科学性。

4.1 编写工程概况

4-1
工程概况

4-2
工程概况表
实例

　　单位工程施工组织设计中的工程概况，是对拟建工程特点、地点特征和施工条件等所做的简要文字介绍。工程概况主要介绍拟建工程的建设单位、工程名称、性质、用途、建设目的、资金来源及工程投资额、开竣工日期、设计单位、施工单位、施工图纸情况等有关文件要求。对结构不太复杂、规模不大的拟建工程，其工程概况的介绍可采用表格形式，见表4-1。

　　为了弥补文字叙述或表格介绍工程概况的不足，也可绘制拟建工程平面、立面、剖面简图，图中注明轴线尺寸、总长、总宽、层高及总高等主要建筑尺寸，细部构造尺寸不用标出，力求简洁明了。同时为了说明主要的任务量，一般还应附上主要工程项目一览表，见表 4-2。

工程概况表　　　　　　　　　　　　　　　　　　表 4-1

建设单位		工程名称			
设计单位		开工日期			
监理单位		竣工日期			
施工单位		造价			
工程概况	建筑面积	工程投资控制			
	建筑高度	施工现场概况	施工用水		
	建筑层数		施工用电		
	建筑形式		施工道路		
	基础类型及深度		地下水位		

主要工程项目一览表　　　　　　　　　　　　　　表 4-2

序号	分部分项工程名称	计量单位	工程数量
1			
2			
3			
4			
5			
6			
……			

4.1.1　工程施工概况

工程施工概况主要是根据施工图纸，结合调查资料，概括工程全貌并综合分析，突出重点问题，对"四新"技术（新结构、新材料、新技术、新工艺）及施工的难点进行说明，一般应包括工程主要情况、各专业设计简介和工程施工条件等内容。

1. 工程主要情况

主要说明工程名称、性质和地理位置，工程的建设、勘察、设计、监理和总承包等相关单位的情况，工程承包范围和分包工程范围，施工合同、招标文件或总承包单位对工程施工的重点要求，其他应说明的情况等。

2. 各专业设计简介

建筑专业设计简介应依据建设单位提供的建筑设计文件进行描述，包括建筑规模、建筑功能、建筑特点、建筑耐火、防水及节能要求等，并应简单描述工程的主要装修做法。

4-3
某工程
专业设计
简介实例

结构专业设计简介应依据建设单位提供的结构设计文件进行描述，包括结构形式、地基基础形式、结构安全等级、抗震设防类别、主要结构构件类型及要求等。

机电及设备安装专业设计简介应依据建设单位提供的各相关专业设计文件进行描述，包括给水、排水及供暖系统、通风与空调系统、电气系统、智能化系统、电梯等各个专业系统的做法要求。

3. 工程施工条件

工程施工条件主要包括：项目建设地点气象状况，项目施工区域地形和工程水文地质状况，项目施工区域地上、地下管线及相邻的地上、地下建（构）筑物情况，与项目施工有关的道路、河流等状况，当地建筑材料、设备供应和交通运输等服务能力状况，当地供电、供水、供热和通信能力状况，其他与施工有关的主要因素等。

4.1.2 工程施工条件分析

工程施工概况应概括出拟建工程的施工特点、施工重点与难点，以便在施工准备工作、施工方案、施工进度、资源配置及施工现场管理等方面制订相应的措施，使施工顺利进行，提高施工企业的经济效益和管理水平。工程施工条件分析主要从以下几方面进行：

1. 现场条件

4-4
工程施工
重难点
分析实例

在单位工程施工组织中，应主要说明水、电、道路及施工现场的"三通一平"情况，拟建工程的位置、地形、地貌、拆迁、障碍物清除及地下水位等情况，周边建（构）

筑物以及施工场地周边的人文环境等。若不了解清楚这些情况，不但会影响施工组织与管理，还会影响施工方案的制订。

2. 气象资料

应对施工项目所在地的气象资料做全面地收集与分析，如当地最低、最高气温及冬雨期时间、主导风向和风力等，这些因素应调查清楚并体现在施工组织设计的内容中，为制订施工方案与措施提供依据。

3. 其他资料

其他资料包括工程所在地的原材料、劳动力、机械设备、半成品等供应及价格情况、市政配套情况、水电供应情况、交通及运输条件、业主可提供的临时设施、协作条件等，这些资源条件直接影响到项目的施工。

单元小结

工程概况主要介绍拟建工程的建设单位、工程名称、性质、用途、建设目的、资金来源及工程投资额、开竣工日期、设计单位、施工单位、施工图纸情况等有关文件要求。

工程施工情况一般应包括工程主要情况、各专业设计简介和工程施工条件等内容。"四新"是指新结构、新材料、新技术、新工艺。

工程施工条件分析主要从现场条件、气象资料、其他资料等方面进行。

实训练习题

一、多项选择题

1. 单位工程施工组织设计中的工程概况主要是对拟建工程（　　）进行描述。

A. 工程特点　　　　　　　　B. 地点特征

C. 施工队伍　　　　　　　　D. 施工条件

2. 工程施工条件分析主要从（　　　）几方面进行。

A. 现场条件 　　　　　　　　　　　　B. 气象资料

C. 其他资料 　　　　　　　　　　　　D. 网络资料

二、简述题

对于你所在的学校教学楼工程，跟同学一起对其工程概况进行描述。

教学单元5
制定施工部署与施工方案

Chapter 05

教学目标

1. 知识目标

熟悉施工部署的内容，掌握施工方案的制定原则及内容。

2. 能力目标

能够结合具体施工条件进行施工部署，会进行施工方案选择，能够结合工程实际编制一般工程的施工方案。

3. 思政目标

通过学习施工部署与施工方案的制定，让学生认识到做任何事情，都要遵循客观规律，讲原则、有方法、重创新，同时培养学生严谨务实、精益求精的职业态度和团队协作的职业精神，增强职业认同感。

思维导图

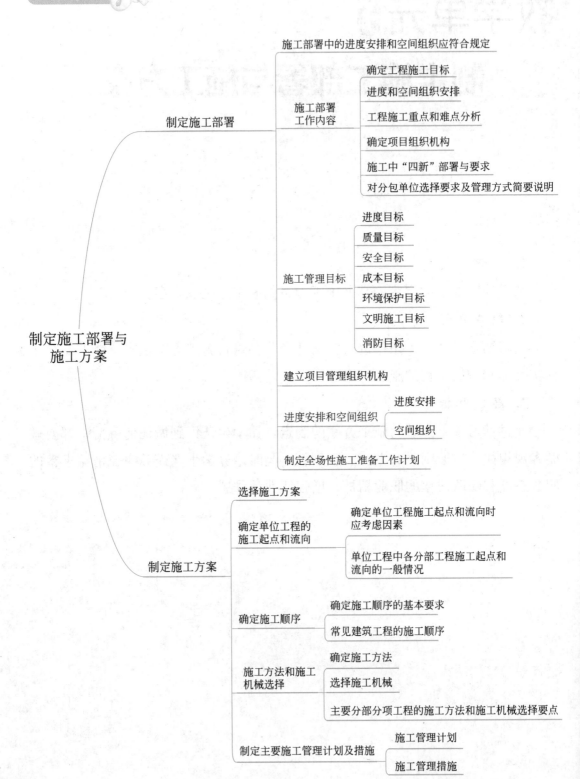

引文

　　施工部署与施工方案是决定整个工程全局的关键。施工方案选择的恰当与否，将直接影响到单位工程的施工效率、进度安排、施工质量、施工安全、工期长短。因此，要在若干个初步方案的基础上进行认真分析比较，力求选择出一个最经济、最合理的施工方案。

5.1　制定施工部署

　　单位工程施工部署是在对拟建工程的工程概况、建设要求、施工条件等进行充分了解的基础上，对工程涉及的任务、资源、时间、空间进行总体安排，并确定工程施工重大问题的方案。

5.1.1　施工部署中的进度安排和空间组织

　　1. 明确说明工程主要施工内容及其进度安排，施工顺序要符合工序逻辑关系。如开工时间、竣工时间、总工期及关键工作的完成时间等。

　　2. 施工流水段应结合工程具体情况分阶段进行划分；单位工程施工阶段一般划分为地基基础工程、主体结构工程、装饰装修工程和机电设备安装工程等几个施工阶段。

5.1.2　施工部署工作内容

　　1. 确定工程施工目标，如质量目标、安全文明施工目标、绿色施工目标等。

　　2. 进行进度安排和空间组织安排，如各分部工程施工段的划分情况等。

　　3. 工程施工的重点和难点分析，包括组织管理和施工技术两个方面。

　　4. 确定项目组织机构，并确定项目经理部的工作岗位设置及其职责划分。

5. 对于工程施工中开发和使用的新技术、新工艺应做出部署，对新材料和新设备的使用应提出技术及管理要求。

6. 对主要分包工程施工单位的选择要求及管理方式应进行简要说明，如分包内容、分包单位资质与能力要求等，见表 5-1。

对主要分包工程施工单位的资质和能力要求　　　　　　表 5-1

分包内容	资质要求	能力要求
桩基工程		
土方工程		
幕墙工程		
钢结构工程		
……		

施工部署的各项内容，应能综合反映施工阶段的划分和衔接、施工任务的划分与协调、施工进度的安排与资源供应、组织指挥系统与调控机制。

5.1.3　施工管理目标

根据施工合同、招标文件以及本单位对工程管理目标的要求，确定工程施工目标，包括进度、质量、安全、环境和成本等目标，各项目标要达到施工组织总设计中确定的总体目标。施工管理目标包括以下几个方面：

1. 进度目标：主要包括计划工期和开、竣工时间等。

2. 质量目标：主要包括质量等级。

3. 安全目标：要符合国家安全方面法律法规的规定。

4. 成本目标：包括降低成本的目标值、降低成本额或降低成本率。

5. 环境保护目标：符合国家有关规定。

6. 文明施工目标：符合国家有关规定。

7. 消防目标：符合国家有关规定。

某工程的管理目标主要包括：进度目标、质量目标、安全及文明施工目标、绿色施工及节能减排目标以及工程服务目标。具体管理目标见表 5-2。

某工程管理目标　　　　　　　　　　　　　　　　　　表 5-2

序号	管理内容		管理目标
1	进度目标	开工时间	2021 年 9 月 5 日
		竣工时间	2023 年 5 月 5 日
		总工期	581 天
		土方开挖完成时间	2022 年 5 月 16 日
		地下室底板完成时间	2022 年 6 月 8 日
2	质量目标		达到国家施工验收规范合格标准;争创鲁班奖
3	安全文明施工目标		杜绝死亡、重伤和机械设备事故,无火灾事故,轻伤频率 3‰以下。争创"省级文明示范工地"称号
4	绿色施工目标		绿色施工达到有关绿色施工的要求
5	工程服务目标		积极、主动、高效地为业主服务,处理好与业主、设计单位、监理单位、分包单位以及相关政府部门的关系,使工程各方形成一个团结、协作、高效、和谐和健康的有机整体,做好总承包配合服务工作,共同促进项目综合目标的实现

5.1.4　建立项目管理组织机构

根据工程项目规模和施工单位实际情况,建立以项目经理为首的组织机构——项目经理部。根据施工项目的规模、复杂程度、专业特点、人员素质和地域范围确定项目管理组织机构形式。大中型项目宜设置矩阵式项目管理组织,远离企业管理层的大中型项目宜设置事业部式项目管理组织,小型项目宜设置直线职能式项目管理组织。

工程管理的组织机构形式采用框图形式列明,并确定项目经理部的工作岗位设置及其职责划分,如图 5-1 所示。

5-1
施工部署
主要内容

5.1.5　进度安排和空间组织

进度安排和空间组织包括下列内容:

1. 进度安排

确定建设项目中各项施工内容的合理开展程序是关系到整个建设项目能否尽快投产使用的关键,是安排进度前首先应明确的内容。

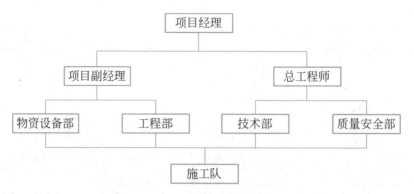

图 5-1　项目经理部组织结构图

（1）在保证工期的前提下，实行分期、分批建设

实行分期、分批建设既可使各具体项目迅速建成，尽早投入使用，又可在工程全局上实现施工的连续性和均衡性。

为了充分发挥工程建设投资的效果，对于一些大中型工业建设项目，根据工程建设项目总目标的要求，可采用分期、分批建设。至于分几期施工，各期工程包含哪些项目，则要根据生产工艺要求、建设单位或业主要求、工程规模大小和施工难易程度、资金和技术资源等情况，由建设单位或业主和施工单位共同研究确定。对于小型企业或大型建设项目的某个系统，由于工期较短或生产工艺的要求，亦可不必分期、分批建设，采取一次性建成投产。

（2）统筹安排，保证重点，兼顾其他

施工组织管理人员在统筹安排各类项目施工时，要保证重点，兼顾其他，确保工程项目按期投产。按照各工程项目的重要程度，优先安排如下工程项目：

1）按生产工艺要求，须先期投入生产或起主导作用的工程项目。

2）工程量大、施工难度大、工期长的项目。

3）运输系统、动力系统，如厂区内外道路、铁路和变电站等。

4）生产上需先期使用的机修、车床、办公楼等。

5）供施工使用的工程项目，如采砂（石）场、木材加工厂、各种构件加工厂等施工附属企业以及其他为施工服务的临时设施。

对于建设项目中工程量小、施工难度不大、周期较短而又不急于使用的辅助项目，可以考虑与主体工程相配合，作为平衡项目，穿插在主体工程的施工中进行。

2. 空间组织

（1）遵循施工程序基本原则

确定单位工程施工程序时，应遵循以下原则：

1）先地下后地上。指土方、基础、管线等地下设施完成后，再开始地上工程施工。当地下工程施工时，遵循先深后浅的原则，可避免施工干扰，有利于保证施工安全和质量。

2）先土建后设备。指不论工业建筑还是民用建筑，一般都是先施工土建分部工程，再安装生产设备或水、暖、卫、电等建筑设备。工程实际中，土建和建筑设备及生产设备在时间、空间上都存在搭接和配合的问题，需要妥当地处理好两者的关系，才能保证工期、质量和安全。

3）先主体后围护。指现浇钢筋混凝土框架结构施工时，先进行主体结构施工，后进行填充墙、围护墙和二次结构等施工。高层建筑为缩短工期，可以安排围护结构与主体结构在施工时间上有一定程度的搭接，但必须采取保证质量的可靠措施。

4）先结构后装饰。当主体、围护结构施工完成后，再在结构内、外、上、下表面进行装饰层施工。随着建筑工业化水平的提高，新的建筑体系和建筑材料不断涌现，装饰与结构一体的建筑板材也开始应用于建筑工程中。

（2）考虑季节对施工的影响

施工组织管理人员在安排工程开展程序时要考虑季节对施工的影响。例如，大规模土方工程和深基础施工，最好避开雨期；寒冷地区入冬以后，最好封闭房屋，并转入室内作业和设备安装。

5.1.6　制定全场性施工准备工作计划

施工部署中要根据工程开展程序和施工方案的要求，编制施工项目全场性的施工准备工作计划。主要内容包括：

1. 安排好场内外运输、施工用主干道、"水电气"来源及其引入方案。

2. 安排场地平整方案和全场性排水、防洪方案。

3. 安排好生产和生活基地建设。包括预制构件厂、钢筋加工厂、金属结构制作加工厂等。

4. 安排建筑材料、成品、半成品的货源和运输、储存方式。

5. 安排现场区域内的测量工作,设置永久性测量标志,为放线定位做好准备。

6. 编制新技术、新材料、新工艺、新结构的试制试验计划和职工技术培训计划。

7. 冬、雨期施工所需的特殊准备工作。

5.2 制定施工方案

5-2
施工方案
主要内容

《建筑施工组织设计规范》GB/T 50502—2009 中规定,单位工程应按照《建筑工程施工质量验收统一标准》GB 50300—2013 中分部、分项工程的划分原则,对主要分部、分项工程制订施工方案;对脚手架工程、起重吊装工程、临时用水用电工程、季节性施工等专项工程所采用的施工方案,应进行必要的验算和说明。

施工方案是以分部(分项)工程或专项工程为主要对象编制的施工技术与组织方案,用以具体指导其施工。

施工方案的选择是单位工程施工组织设计的重要环节,内容一般包括:确定单位工程各分部工程的施工起点和流向、确定各分部(分项)工程的施工顺序、确定主要分部(分项)工程的施工方法和选择适用的施工机械、制订主要技术组织措施、进行流水施工等。

5.2.1 选择施工方案

选择施工方案应符合下列原则:

1. 切实可行。首先要从实际出发,能切合当前实际情况,并有实现的可能性。只能在切实可行、有实现可能性的前提下,追求技术先进、工期合理才有意义。

2. 施工期限满足（工程合同）要求。工程人员制订的施工方案要确保工程按期投产或交付使用，以迅速地发挥投资效益。

3. 工程质量和安全生产有可行的技术措施保障。

5-3
施工程序

4. 在达到施工企业目标的前提下，力争使施工费用最低。

5.2.2　确定单位工程的施工起点和流向

单位工程的施工起点和流向，是指单位工程在平面和竖向上施工开始的部位及开展的方向。单层建筑应分区分段地确定平面的施工流向；多层建筑除要确定平面的施工流向，还要确定竖向的流向。确定施工过程、施工段的划分以及如何组织流水施工也是决定施工流向应考虑的因素。

1. 确定单位工程施工起点和流向应考虑的因素

（1）考虑所选择的施工机械。如基础施工中，由于不同机械的开行路线不同，故选用的机械就决定了挖土的施工起点和流向。

（2）考虑施工组织的要求。施工段的划分部位，也是影响其施工流向的主要因素。在组织流水施工时，通常将施工对象在平面上划分成若干个劳动量大致相等的施工区段，这些施工区段称为施工段或流水段。

（3）当有高低层或高低跨并列时，应先从并列处开始施工；当基础埋深不同时，一般按先深后浅的顺序进行施工。

2. 单位工程中各分部工程施工起点和流向的一般情况

单位工程中的各分部工程，结合其施工特点和具体的工程条件来确定施工流向。如多层建筑各分部工程的施工起点和流向，按基础、主体、屋面及装修工程分别考虑。

（1）基础工程：基础工程一般由施工机械和施工方法决定其平面的施工流向。

（2）主体工程：主体工程在平面上一般从哪边开始都可以，在竖向上一般从底层开始，逐层向上进行施工。

（3）屋面工程：屋面工程一般采用先高后低的施工流向。

（4）装饰工程：装饰工程包括室外装饰和室内装饰。室外装饰工程一般采用自上而下的施工流向；室内装饰工程可采用自上而下、自下而上或自中而下再自上而中的施工流向。

1）装饰工程自上而下的施工流向，是指主体结构封顶，做完屋面防水层后，装修从顶层开始，逐层向下的施工流向。有水平向下和垂直向下两种形式，如图 5-2 所示。

其施工流向的特点：主体结构完成后，建筑物有一定的沉降时间，能保证装修的质量，减少和避免各工种操作的交叉，有利于安全施工和现场管理；但室内装修工程不能与主体搭接施工，工期较长。

2）装饰工程自下而上的施工流向，是指当主体施工到三层以上时，装修从底层开始，逐层向上的施工流向。有水平向上和垂直向上两种形式，如图 5-3 所示。

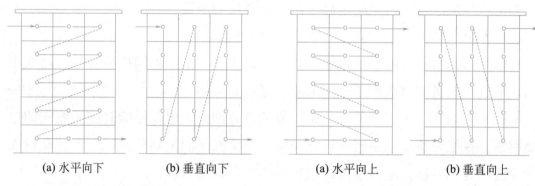

| (a) 水平向下 | (b) 垂直向下 | (a) 水平向上 | (b) 垂直向上 |

图 5-2　自上而下的施工流向　　　　图 5-3　自下而上的施工流向

其施工流向的特点：装饰工程与主体施工平行搭接，缩短了工期；但由于工种操作相互交叉，同时需要的资源量较大，使得施工现场的组织与管理复杂。

3）室内装饰工程自中而下，再自上而中的施工流向。这种施工流向综合了前述两种施工流向的优点，一般适用于高层建筑的室内装饰工程施工。

5-4
室内装修
工程施工

（5）安装工程：一般水暖电卫的安装要结合土建工程的施工穿插进行。

各种施工流水方案都有不同的特点，要根据工程的具体情况、工期的要求等来确定。

5.2.3　确定施工顺序

施工顺序是指分部分项工程或施工过程之间的先后次序。确定施工顺序既是为了按照客观施工规律组织施工，也是为了解决工种之间的合理搭接，在保证工程质量和施工安全的前提下，选择出既符合客观规律又经济合理的施工顺序。

1. 确定施工顺序的基本要求

（1）遵循施工程序

确定单位工程的施工顺序，首先要符合施工程序的要求。

（2）符合施工工艺的要求

建筑工程施工过程中，各施工过程之间存在着一定的工艺顺序关系，这是由客观规律决定的。如建筑工程施工，要先完成基础才能进行主体；现浇钢筋混凝土楼板，要先完成支模板绑钢筋才能浇筑混凝土等。

（3）考虑施工方法和施工机械

施工方案所确定的施工方法和选择的施工机械对施工顺序有很大的影响。如在单层工业厂房结构安装工程中，选择自行式起重机，一般采用分件吊装法，施工顺序为：吊装柱→吊装梁→吊装各节间的屋架及屋面板等，起重机在厂房内三次开行才能吊装完厂房结构构件；而选择桅杆式起重机，则必须采用综合吊装法，其施工顺序为一个节间的全部构件吊装完成后，再依次吊装下一个节间的构件，直至构件全部吊装完成。

（4）考虑施工质量的要求

在安排施工顺序时，应以确保工程质量为前提。如室内抹灰，为保证墙面抹灰质量，应先进行顶棚抹灰，再进行墙面抹灰。

（5）考虑施工安全的要求

室内装饰工程施工若采用自下而上的施工顺序，则要求主体结构施工到三层以上（隔两层楼板）时才能开始，以保证底层施工操作的安全。

（6）考虑气候条件的影响

工程施工顺序要适应工程建设地点气候变化规律的要求，如在冬雨期到来之前，应先做好室外各项施工过程，为室内施工创造条件。

2. 常见建筑工程的施工顺序

（1）多层混合结构房屋施工顺序

多层混合结构房屋施工，按照结构部位及施工特点，通常分为基础工程、主体结构工程、屋面工程、装饰工程、房屋设备安装工程等。

1）基础工程施工顺序

基础工程的施工顺序一般为：挖土方→做垫层→基础→地圈梁→回填土。当有地下室时，其施工顺序一般为：挖土方→做垫层→地下室底板→地下室墙身→防水层→地下室顶板→回填土。

当挖槽过程中发现地下有障碍物或软弱地基时，应进行局部加固处理。因基础工程受自然条件影响较大，各施工过程安排尽量紧凑。基坑（槽）暴露时间不宜太长，以防暴晒和积水，影响其承载力。垫层施工完成后，要留有一定的技术间歇时间，使其具有一定强度后，再进行下一道工序施工。回填土应在基础完成后一次分层压实，这样既可保证基础不受雨水浸泡，又可为后续工作提供场地条件。

各种管沟的施工，应尽可能与基础工程配合进行，平行搭接，合理安排施工顺序，避免土方重复开挖。

2）主体结构施工顺序

主体结构主要施工过程有：搭设脚手架、砌筑墙体、安装门窗框、安装过梁、浇筑钢筋混凝土圈梁、构造柱、楼梯、雨篷、浇筑钢筋混凝土楼板、屋面板等。

在主体施工阶段，砌墙和现浇楼板为主导施工过程，应使它们在施工中保持连续、均衡、有节奏地进行，其他施工过程则应配合砌墙和现浇楼板搭接进行。如脚手架应随主体的进行逐层逐段地搭设；其他现浇钢筋混凝土构件的支模板、绑钢筋、浇筑混凝土可安排在现浇楼板的同时或砌筑墙体的最后一步插入。对于现浇楼板的砖混结构房屋，其施工顺序一般为：立构造柱钢筋→砌筑墙体→支构造柱模板→浇构造柱混凝土→支梁、板、楼梯模板→绑扎梁、板、楼梯钢筋→浇梁、板、楼梯混凝土。

3）屋面工程施工顺序

刚性防水屋面的施工顺序一般为：结构层→隔离层→防水层。柔性卷材防水屋面的施工顺序一般为：结构层→找坡层→保温层→找平层→结合层→防水层→保护层。其中找平层施工完成后，要充分干燥才能进行防水层的施工，以保证防水层的质量。为给装饰施工创造条件，主体结构封顶后，屋面防水施工应尽早开始。

4）装饰工程施工顺序

装饰工程的手工作业量大、工种多、材料种类多，因此要妥善安排装饰工程施工顺序，组织好流水施工。装饰工程分为室外装饰和室内装饰，通常可采用先外后内、先内后外或内外同时的施工顺序。

① 室外装饰，一般采用自上而下的施工流向，最后进行台阶、散水的施工。

② 室内装饰包括安装门窗框、室内抹灰、安装门窗扇、玻璃油漆等。室内抹灰工程应在室内设备安装并检验后进行。从整体上可采用自上而下、自下而上、自中而下再自上而中三种施工顺序进行。

在同一楼层室内抹灰的施工顺序有两种，一种顺序为：顶棚→墙面→地面。这种抹灰顺序的优点是工期较短，但由于在顶棚、墙面抹灰时有落地灰，所以在地面抹灰之前，应将落地灰清理干净，否则会影响地面的抹灰质量，同时，在进行楼地面抹灰时的施工渗漏水可能会影响墙面的抹灰质量，所以在施工时要注意采取一定的措施；另一种顺序为：地面→顶棚→墙面。按照这种顺序施工，室内清洁方便，地面抹灰质量容易保证。但地面抹灰完成后需要有一定的养护时间，才能进行顶棚和墙面的抹灰。

楼梯和走道是施工的主要通道，在施工期间容易损坏，应在抹灰工程结束时，由上而下施工，并采取相应保护措施。底层地面一般在各层墙面、楼地面做好后进行。门窗框的安装应在抹灰前进行，而门窗扇的安装可据施工条件和气候情况在抹灰前或抹灰后进行。门窗油漆后再安装玻璃。

5）房屋设备安装工程顺序

房屋设备安装工程的施工一般与土建施工交叉进行。基础阶段，埋设好相应的管沟后，再进行回填；主体阶段，在砌筑墙体和现浇楼板时，预留电线、水管等的孔洞和其他预埋件；装修阶段，应安装各种管道和附墙暗管、接线盒等。水暖电卫等设备安装最好在楼地面和墙面抹灰之前或之后穿插施工。如图 5-4 所示。

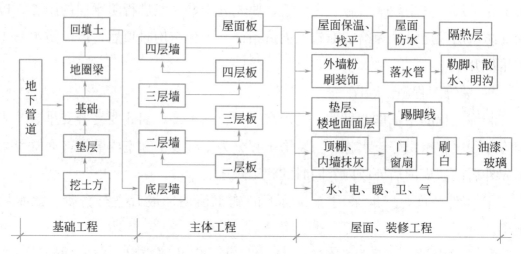

图 5-4　多层混合结构房屋的施工顺序

（2）框架剪力墙结构住宅楼施工顺序

钢筋混凝土框架剪力墙结构布置灵活、使用方便、抗震性能良好，在我国的高层住宅建筑中得到了广泛应用。按照结构部位及施工特点，通常分为地基及地下结构工程、主体工程、屋面工程、装饰工程、设备安装工程等分部工程。施工顺序示意图如图 5-5 所示。

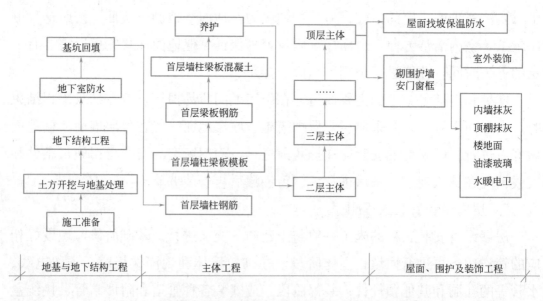

图 5-5　钢筋混凝土框架剪力墙结构住宅楼工程施工顺序

1）地基及地下结构工程施工顺序

施工准备→土方开挖→钎探、验槽→地基处理→垫层→基础钢筋、模板、混凝土→墙、柱钢筋→水电预留预埋→墙、柱模板、混凝土→拆模养护→梁板模板、钢筋→水电预留预埋→梁板混凝土→养护→外墙防水→基坑回填。

高层建筑基础一般埋置较深，多为深基坑开挖。基坑支护及地基处理一般要制订专项施工方案。

2）主体阶段施工顺序

主体阶段的施工主要包括梁、板、柱、剪力墙的施工。根据模板使用情况，一般有两种施工顺序。

① 第一种施工顺序：测量放线→绑扎剪力墙、柱钢筋→水电预留预埋→安装剪力墙、柱、梁、板模板→绑扎梁板钢筋→水电预留预埋→浇筑剪力墙、柱、梁、板混凝土→养护→下一循环；

② 第二种施工顺序：测量放线→绑扎柱、剪力墙钢筋→安装柱、剪力墙模板→浇筑柱、剪力墙混凝土→拆模→安装梁、板、楼梯模板→绑扎梁、板、楼梯钢筋→浇筑梁、板、楼梯混凝土→养护→拆模→下一循环。

在主体施工阶段，要做好以下工作来确保主体结构的工程质量：

① 做好钢筋的原材料、加工、绑扎、焊接等质量控制；

② 做好模板的安装、拆除、维护与修理工作；

③ 做好混凝土的质量、浇筑、养护、施工缝留设与处理、后浇带施工等质量控制；

④ 做好脚手架搭设与拆除的质量控制。

3）围护结构及装饰工程施工顺序

围护工程包括砌筑外墙、内墙、安装门窗等施工过程，可以组织平行施工、搭接施工及流水施工。

装饰工程包括室内抹灰、楼地面、吊顶、油漆、玻璃、外墙面等施工过程，工作量大，在保证安全与质量的情况下，一般组织交叉施工，加快施工进度。

4）安装工程施工

安装工程包括给水排水工程、动力及照明工程、空调通风工程、弱电工程等，主要按专业工种的特点施工，加强与土建施工的配合。

（3）装配式钢筋混凝土单层工业厂房的施工顺序

装配式钢筋混凝土单层工业厂房，构件预制吊装工作量大，施工时不仅要考虑土建与设备的安装配合，还要考虑生产工艺流程。按照结构部位不同的施工特点，一般分为：基础工程、预制工程、结构安装工程、围护工程和装饰工程五个主要分部工程。施工顺序如图 5-6 所示。

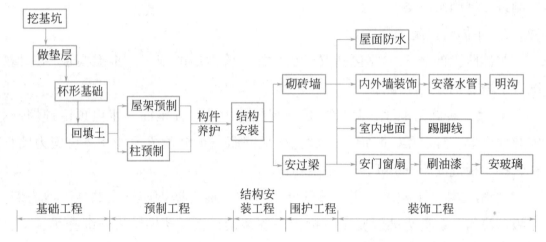

图 5-6　装配式钢筋混凝土单层工业厂房的施工顺序

5.2.4　选择施工方法和施工机械

施工方法和施工机械选择是施工方案中的关键问题，它直接影响施工进度、施工质量、施工安全以及工程成本。应根据施工对象的建筑特征、结构形式、场地条件及工期要求等，对多种施工方法进行比较，选择一个先进合理的、适合本工程的施工方法，并选择相应的施工机械。

1. 确定施工方法

（1）选择施工方法的主要依据

编制施工组织设计时，需根据工程的建筑结构、抗震要求、工程量大小、工期长短、资源供应情况、施工现场条件和周围环境，制定出可行方案，并进行技术经济比较，确定最优方案。

（2）选择施工方法的基本要求

1）应主要考虑分部（分项）工程的要求。例如，土石方工程按照施工方法又可分为人工土方工程施工和机械化土方工程施工。其中包括场地平整、基坑（槽）开挖、地坪填土及路基填筑。

2）应符合施工组织总设计的要求，特别是符合工期、质量与安全的要求。

3）应满足施工技术的要求，兼顾技术先进性和经济合理性。

4）应满足工期、质量、成本、环境和安全的要求。例如，质量目标确保工程质量一次验收达到合格标准，争创"市优质工程"。所有分项工程合格率100％，主体工程、装饰工程均符合优良标准等。

2. 选择施工机械

施工机械的选择是施工方法选择的中心环节。选择施工机械时应注意的问题：

（1）应首先根据工程特点选择适宜的主导施工过程施工机械。

（2）各种辅助机械应与配套的主导施工机械生产能力协调一致。

（3）应尽可能减少在同一建筑工地上建筑机械的种类和型号。

（4）尽量选用施工单位的现有机械，以减少施工的投资额，提高现有机械的利用率，降低工程成本。

5-5
施工机械
的选择

（5）确定各个分部工程垂直运输方案时，应进行综合分析，统一考虑。

3. 主要分部分项工程的施工方法和施工机械选择要点

（1）土石方工程

1）计算土石方工程的工程量，并据此确定土石方开挖或爆破方法，选择土石方施工机械。

2）确定土壁放边坡的坡度系数或土壁支撑形式以及板桩打设方法。

3）选择排除地面水、地下水的方法，确定排水沟、集水井或井点的布置方案及所需设备的型号、数量。

4）确定土石方平衡调配方案。

5）土方回填方法、填土压实的要求及机具选择。

6）地基处理方法及机具、设备。

（2）基础工程

1）浅基础的垫层、混凝土基础和钢筋混凝土基础施工的技术要求以及地下室施工的技术要求。

2）桩基础施工的施工方法和施工机械选择。

3）地下防水工程的防水方法选择及施工技术要求。

（3）砌筑工程

1）墙体的组砌方法和质量要求。

2）弹线及皮数杆的控制要求。

3）确定脚手架搭设方法及安全网的挂设方法。

4）选择垂直和水平运输机械。

（4）钢筋混凝土工程

1）确定混凝土工程施工方案。滑模法、升板法或其他方法。

2）确定模板类型及支模方法，对于复杂工程还需进行模板设计和绘制模板放样图。

3）选择钢筋的加工、运输和安装方法。

4）确定混凝土浇筑顺序和方法，以及泵送混凝土和普通垂直运输混凝土的机械选择。

5）选择混凝土振捣设备的类型和规格，确定施工缝留设位置。

6）确定预应力混凝土的施工方法、控制应力和张拉设备。

（5）结构安装工程

1）确定起重机械类型、型号和数量。

2）确定结构安装方法（例如，分件吊装法或综合吊装法），安排吊装顺序、机械位置和开行路线及构件的制作、拼装场地。

3）确定构件运输、装卸、堆放方法和所需机具设备的规格、数量和运输道路要求。

（6）屋面工程

1）屋面工程各个分项工程施工的操作要求。

2）确定屋面材料的运输方式和现场存放方式。

（7）装饰工程

1）各种装饰工程的操作方法及质量要求。

2）确定材料运输方式及储存要求。

3）确定所需机具设备。

（8）现场垂直运输、水平运输及脚手架等搭设

1）明确垂直运输和水平运输方式、布置位置、开行路线，选择垂直运输及水平运输设备型号和数量。

2）根据不同建筑类型，确定脚手架所用材料、搭设方法及安全网的挂设方法。

5.2.5　制定主要施工管理计划及措施

1. 施工管理计划

施工管理计划包括进度管理计划、质量管理计划、安全管理计划、环境管理计划、成本管理计划以及其他管理计划等内容。各项管理计划的制定，要根据项目的特点有所侧重。

其他管理计划宜包括绿色施工管理计划、防火保安管理计划、合同管理计划、组织协调管理计划、创优质工程管理计划、质量保修管理计划以及对施工现场人力资源、施工机具、材料设备等生产要素的管理计划等。

其他管理计划可根据项目的特点和复杂程度加以取舍。

各项管理计划的内容应有目标、组织机构、资源配置、管理制度、技术与组织措施等。

2. 施工管理措施

施工质量、进度、成本、安全管理的措施归纳起来都有组织措施、技术措施、经济措施、合同措施、信息管理措施等方面。

单元小结

单位工程施工部署工作内容主要包括：确定工程施工目标、进行进度安排和空间组织安排、分析工程施工的重点和难点、确定项目组织机构和项目经理部的工作岗位设置及其职责划分、对于工程施工中开发和使用的新技术与新工艺的部署，以及对主要分包工程施工单位的选择要求及管理方式简要说明等。

确定单位工程施工程序时，应遵循"先地下后地上、先土建后设备、先主体后围护、先结构后装饰"的原则。

施工方案的选择是单位工程施工组织设计的重要环节，内容一般包括：确定单位工程各分部工程的施工起点和流向、施工顺序、施工方法、选择适用的施工机械、制订主要技术组织措施等。

实训练习题

一、单项选择题

1. 下列各项内容中，（　　）是单位工程施工组织设计的核心。

A. 工程概况   B. 施工方案

C. 技术组织保证措施   D. 技术经济指标

2. 砖混结构住宅建筑的施工特点是（　　）。

A. 模板安装量大   B. 砌筑工程量大

C. 钢材加工量大   D. 基础埋置深

3. 现浇钢筋混凝土高层建筑的施工特点是（　　）。

A. 抹灰工程量大

B. 施工设备的稳定性要求高

C. 砌砖量大

D. 预制构件多且吊装量大

4. 下列工作中，（　　）是施工方案的关键内容。

A. 选择施工方法和施工机械   B. 确定施工起点流向

C. 确定施工顺序   D. 确定施工组织方式

5. （　　）不属于施工方案。

A. 确定施工方法

B. 确定施工顺序

C. 选择施工机械

D. 估算主要项目的工程量

6. 单位工程施工方案主要确定（　　）的施工顺序、施工方法和选择适用的施工机械。

A. 单项工程   B. 单位工程

C. 分部分项工程   D. 施工过程

二、多项选择题

1. 施工部署应包括的内容有（　　）。

A. 项目的质量、进度、成本及安全等目标

B. 拟投入的最低人数和平均人数

C. 分包计划、劳动力使用计划、材料供应计划、机械设备供应计划

D. 工程施工的组织管理和施工技术两个方面

E. 项目管理总体安排

2. 确定工程的施工顺序时，要考虑的因素包括（　　）。

A. 气候条件　　　　　　　　　　B. 质量要求

C. 施工工艺　　　　　　　　　　D. 施工方法

E. 施工机械

3. 确定单位工程施工起点和流向时一般应考虑的因素有（　　）。

A. 施工机械　　　　　　　　　　B. 施工人员

C. 施工组织　　　　　　　　　　D. 项目资金

E. 项目场地

三、案例分析题

1.【背景资料】杭州某办公楼工程，建筑面积 $33240m^2$，地上 19 层，地下 2 层。筏板基础，地上部分结构形式为钢结构，外墙装饰为玻璃幕墙。质量目标：合格且争创"鲁班奖"。工期：2021 年 1 月 1 日～2022 年 11 月 1 日。施工单位中标后成立了项目部。

施工过程中发生了如下事件：项目进场后，及时编制了施工组织设计；明确了施工部署的内容，强调了施工部署的作用；报送监理单位后监理单位比较满意。

【问题】

（1）施工方案选择包括哪些内容？

（2）事件中，项目部明确的施工部署有哪些内容？

2.【背景资料】某施工单位总承包写字楼工程，该工程地上 6 层，地下 1 层。合同规定该工程开工日期为 2021 年 4 月 1 日，竣工日期为 2022 年 4 月 25 日。工程所在地 6 月 15 日～9 月 15 日为雨期施工。施工单位进场后及时向监理单位报送了该工程的施工组织设计。

施工过程中发生了如下事件：施工单位向监理单位报送的该工程施工组织设计中明确了质量、进度、成本、安全四项管理目标，对施工顺序和施工机械

做了描述，监理单位认为不完善。

【问题】

（1）事件中，该工程施工管理目标应补充哪些内容？

（2）确定施工顺序应遵循哪些原则？

（3）选择施工机械的基本要求有哪些？

5-6
教学单元5
参考答案

教学单元 6

编制施工进度计划

Chapter 06

教学目标

1. 知识目标

了解流水施工和网络计划的概念、原理及特点，掌握流水施工的组织方式，熟悉双代号网络图的表达方式、掌握绘图规则、时间参数计算（工作计算法和节点计算法）及关键工作和关键线路的确定方法，理解施工过程划分的要点，理解工程量、劳动量或机械台班量、施工过程持续时间的计算方法和施工进度计划的检查与调整方法，掌握编制单位工程施工进度计划的步骤和方法。

2. 能力目标

能合理确定流水施工的主要参数，组织简单工程的流水施工，初步具备绘制双代号网络图的能力，能够计算简单工程的时间参数，确定关键线路；能够根据工程实际情况利用横道图和网络图编制单位工程施工进度计划，并进行检查，合理调整，同时能根据进度计划组织施工，管理资源。

3. 思政目标

在学习施工进度计划的编制过程中，通过对流水施工和网络计划的应用，激励学生积极探索、勇于尝试，加强创新精神的培养。进度计划的编制要考虑多种因素并结合实际情况实施动态调整，因此在学习过程中，培养学生树立实事求是、精益求精、与时俱进的工作作风。

思维导图

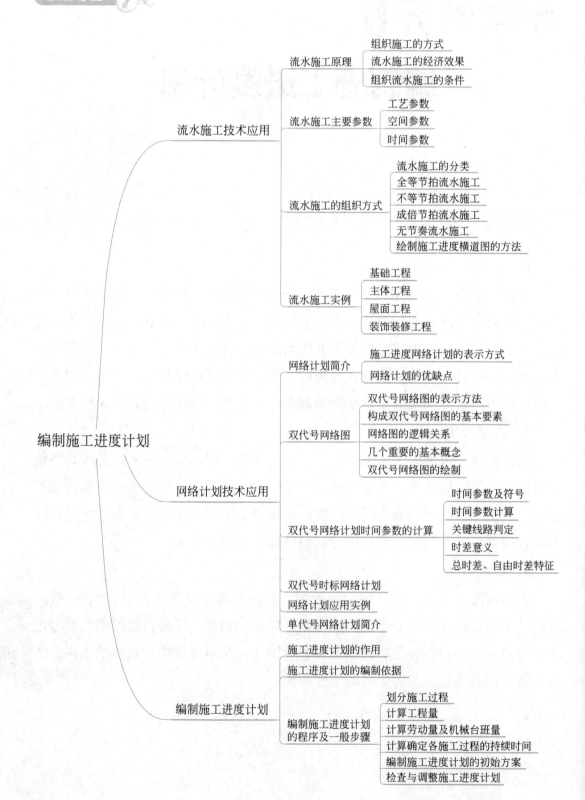

施工进度计划是为实现设定的工期目标，对各项施工过程的施工顺序、起止时间和衔接关系所做的统筹策划和安排，单位工程施工进度计划应按照施工部署的安排进行编制。

施工进度计划一般有两种表达方式，即横道图和网络图，并附有必要说明；对于工程规模较大或较复杂的工程，宜用网络图表示。

6.1　流水施工技术应用

横道图以表格形式反映施工进度。表格由左右两部分组成，左边部分反映拟建工程所划分的施工项目、工程量、劳动量或机械台班量、施工人数及工作延续时间等内容；右边是时间图表部分，表示项目进展。如图 6-19 所示。

在实际工程中，用横道图表达进度计划，就需要计算出施工工期和一些时间数据，而这些数据是通过组织工程施工获得的。流水施工是组织工程施工常用的一种科学方法。

通常在施工进度图下面绘制劳动力消耗动态曲线图。以施工进度日程为横坐标，施工人数为纵坐标。"曲线图"是根据已排好的进度，分别将在同一时间参与施工的各施工过程的施工人数叠加绘制而成的折线。"曲线图"能直观地显示劳动力使用的均衡性，是对施工进度计划进行调整和优化的重要依据。

6.1.1　流水施工原理

1. 组织施工的方式

任何建筑工程，从一个大型项目直至一个小的建筑物或构筑物，均可以分解为多个施工过程，而每一个施工过程通常是由一个（或多个）专业队（组）负责施工。每一个工程的施工活动中都包含了劳动力和机械设备的调配、建

6-1
施工组织
方式

筑材料和构配件的供应等组织问题。其中最基本的问题是劳动力的组织安排，劳动力组织安排的不同便构成了不同的施工方式，通常可归纳为依次施工、平行施工、流水施工。

下面举例说明各类施工组织方式的特点：

【例6-1】现有四幢同类型房屋基础进行施工，一幢为一个施工段。将每幢房屋基础划分为基槽挖土、混凝土垫层、砖砌基础、回填土四个施工过程，每个施工过程在每个施工段上的工作时间分别为2天、1天、3天、1天，要求分别采用依次施工、平行施工、流水施工的方式组织施工。

（1）依次施工

依次施工也叫顺序施工，是各施工段或各施工过程依次开工、依次完工的一种组织施工的方式。依次施工可分为以下两种：

1）按施工段依次施工

按施工段依次施工是指第一个施工段的所有施工过程全部施工完毕后，再进行第二个施工段的施工，依次类推的一种组织施工的方式。其中，施工段是指同一施工过程的若干个部分，这些部分的工程量一般应大致相等。按施工段依次施工的进度计划横道图，如图6-1所示，图中的横向为施工进度日程，以"天"为时间单位；纵向为按施工顺序排列的施工过程。

施工过程	班组人数	工作天数	施工进度(天)													
			2	4	6	8	10	12	14	16	18	20	22	24	26	28
基槽挖土	30	8	①				②			③			④			
混凝土垫层	20	4		①				②			③			④		
砖砌基础	22	12			①				②			③			④	
回填土	8	4				①				②			③			④

图6-1　依次施工（按施工段）

按施工段依次施工的特点：

优点：单位时间内投入的劳动力和各项物资较少，施工现场管理简单；工作面能得到充分利用。

缺点：从事某过程的施工班组不能连续均衡地施工，工人存在窝工情况；施工工期长。

2）按施工过程依次施工

按施工过程依次施工是指第一个施工过程在所有施工段全部施工完毕后，再开始第二个施工过程，依次类推的一种组织施工的方式。按施工过程依次施工的进度计划横道图如图 6-2 所示。

施工过程	班组人数	工作天数	施工进度(天)													
			2	4	6	8	10	12	14	16	18	20	22	24	26	28
基槽挖土	30	8	①	②	③	④										
混凝土垫层	20	4					①②③④									
砖砌基础	22	12							①	②		③	④			
回填土	8	4													①②③④	

图 6-2　依次施工（按施工过程）

按施工过程依次施工的特点：

优点：从事某过程的施工班组都能连续均衡地施工，工人不存在窝工情况；单位时间内投入的劳动力和各项物资较少，施工现场管理简单。

缺点：施工工期长；工作面未充分利用，存在间歇时间。

根据以上特点可知，依次施工适用于规模较小、工作面有限、工期要求不紧张的小型工程。

（2）平行施工

平行施工是指所有施工过程的各个施工段同时开工、同时完工的一种组织施工方式。将上述四幢房屋基础采用平行施工组织方式，进度计划如图 6-3 所示。

平行施工的特点：

优点：各施工过程工作面充分利用；工期短。

缺点：施工班组成倍增加，机具设备也相应增加，材料供应集中，临时设施设备也需增加，造成组织安排和施工现场管理困难，增加施工管理费用；施工班组不存在连续或不连续施工情况，仅在一个施工段上施工。如果工程结束

施工过程	班组数	班组人数	工作天数	施工进度(天)						
				1	2	3	4	5	6	7
基槽挖土	4	30	2	▦						
混凝土垫层	4	20	1			▦				
砖砌基础	4	22	3				▦			
回填土	4	8	1							▦

图 6-3　平行施工

后，再无其他工程，则可能出现窝工。

平行施工方式一般适用于工期要求紧、同类型大规模的建筑群工程及分批分期进行施工的工程。

（3）流水施工

流水施工是指所有的施工过程均按一定的时间间隔投入施工，各个施工过程陆续开工、陆续竣工，使同一施工过程的施工班组保持连续均衡地施工，不同施工过程尽可能平行搭接施工的组织方式。本例如果组织流水施工，则进度计划如图 6-4 所示。

施工过程	班组人数	工作天数	施工进度(天)									
			2	4	6	8	10	12	14	16	18	20
基槽挖土	30	8	①	②	③	④						
混凝土垫层	20	4				①②③④						
砖砌基础	22	12				①		②		③		④
回填土	8	4										①②③④

图 6-4　流水施工（施工过程连续）

1）流水施工的特点

① 从事某过程的施工班组都能连续均衡地施工，工人不存在窝工情况；单位时间内投入的劳动力和各项物资较少，施工现场管理简单；工期较短。

6-2
钢筋混凝土
条形基础
流水施工

② 在工期要求紧张的情况下组织流水施工时，可以在主导工序连续均衡施工的前提下，间断安排某些次要工序的施工，从而达到缩短工期的目的。如果没有使工期缩短，则不能安排该次要工作间断施工。如图 6-5 所示。

施工过程	班组人数	工作天数	施工进度(天)							
			2	4	6	8	10	12	14	16
基槽挖土	30	8	①	②	③	④				
混凝土垫层	20	4		①	②	③	④			
砖砌基础	22	12			①		②		③	④
回填土	8	4								①②③④

图 6-5　流水施工（施工过程有间断）

2. 流水施工的经济效果

采用流水施工的组织方式，统筹考虑了工艺上的划分、时间上的安排和空间上的布置，合理地利用劳动力，使施工连续而均衡地进行，同时也带来了较好的经济效益，具体表现在以下几个方面：

（1）科学地安排施工进度，缩短工期

采用流水施工，各施工过程连续均衡，消除了各专业班组施工后的等待时间，并充分利用空间，在一定条件下相邻两段施工过程还可以互相搭接，因而可以有效地缩短工期。

（2）提高劳动生产率

工作班组实行了生产专业化，为工人提高技术水平、改进操作方法创造了有利条件，因而促进了劳动生产率的提高。

（3）资源供应均衡

由于施工过程连续均衡，使得在资源地使用上也是连续均衡的，这种均衡性有利于资源的采购、组织、存储、供应等工作，充分发挥管理水平，降低工程成本，提高经济效益。

3. 组织流水施工的条件

（1）划分施工过程

首先根据工程特点和施工要求，将拟建工程划分为若

6-3
流水施工
的原理

干分部工程；再按工艺要求、工程量大小及施工班组情况，将各分部工程划分为若干个施工过程。

在划分施工过程时，并不是所有施工工序都要列项，进行进度安排。应根据实际情况对进度的要求，确定详略程度，适当合并项目。

（2）划分施工段

划分施工段是为成批生产创造条件，任何施工过程如果只有一个施工段，则不存在流水施工。组织流水时，根据工程实际情况，将施工对象在平面或空间上划分为工程量大致相等的若干个施工部分，即为施工段或施工层。

（3）每个施工过程组织独立的施工班组

为了很好地组织流水，尽可能对每个施工过程组织独立施工班组，其形式可以是专业班组也可以为混合班组。

（4）必须安排主导施工过程连续、均衡施工

主要施工过程是指工程量大、施工时间长的施工过程。对于主要施工过程，必须连续均衡地施工；对于次要施工过程，可考虑与相邻的施工过程合并，或进行间断施工，以缩短工期。

（5）相邻施工过程之间最大限度地安排平行搭接施工

确定各施工过程之间合理的顺序关系，在工作面及相关条件允许的情况下，除必要的间歇时间外，使不同专业班组完成作业的时间尽可能相互搭接起来，以达到缩短总工期的目的。

6.1.2　流水施工主要参数

6-4
流水施工的
要点及表达
方式

为了准确、清楚地表达流水施工在时间和空间上的进展情况，一般采用一系列的参数来表达。这些参数主要包括工艺参数、时间参数和空间参数。

1. 工艺参数

工艺参数是指参与拟建工程流水施工，并用以表达流水施工在施工工艺上开展的先后顺序（表示施工过程数）及其特征的施工过程数（或施工队组数），通常以"N"或"n"表示。

（1）影响工艺参数划分的主要因素

1）施工进度计划的性质和作用。对于规模大、结构复杂、工期较长工程的控制性进度计划，其施工过程应划分粗略些，可以分部工程或单位工程作为施工过程；对于中小型单位工程及工期较短工程的实施性施工进度计划，其施工过程应划分详细些、具体些，以便指导施工，一般以分项工程作为施工过程。

2）施工方案与工程结构的特点。如厂房基础与设备基础的挖土同时施工，可以合并为一个施工过程，先后施工时应划分为两个施工过程。

3）劳动组织形式和施工过程劳动量的大小。①施工过程的划分与当地的施工队组状况和施工习惯有关。如安装玻璃和油漆施工，可采用混合队组合并为一个施工过程，也可采用单一工种的专业施工队组，则此时应划分为两个施工过程；②施工过程的划分还与其劳动量的大小有关，劳动量过小的施工过程，当组织流水施工有困难时，可以与相邻的施工过程合并。如基础防潮层抹灰、构造柱现浇钢筋混凝土工程，均可合并到相邻的施工过程。

4）施工过程的内容和工作范围。直接在工程对象上进行的施工活动及施工用脚手架、运输井架、安装塔式起重机等均应划入流水施工过程，而钢筋加工、构件预制、运输等一般不划入流水施工过程。

（2）工艺参数的计算要求

1）在流水施工中，当每一个施工过程均只有一个施工队组先后开始施工时，工艺参数就是施工过程数 n。

2）在流水施工中，如有两个或两个以上的施工过程同时开工和完工，则这些施工过程应按一个施工过程计入工艺参数内。

3）在流水施工中，当某一个施工过程有两个或两个以上的施工队组，间隔一定时间先后开始施工时，则应以施工队组数计入工艺参数内。

2. 空间参数

空间参数是参与拟建工程流水施工，并用以表达拟建工程在平面上所处状态的施工段数和在空间所处的施工层数，施工段用符号 m 表示，施工层用符号 j 表示。

（1）施工层（j）

施工层是指施工对象在垂直方向划分的施工段落。尤其是在多层或高层建筑物的某些施工过程进行流水施工时，必须既在水平方向划分施工段，又在垂直方向划分施工层。通常情况下，施工层的划分与结构层一致，施工层数一般用"j"表示。

（2）施工段数（m）

1）施工段

在组织流水施工时，通常把拟建工程在平面上划分为若干个劳动量大致相等的区段，这些区段就叫"施工段"，又称"流水段"。如果是多层建筑物的施工，则施工段数等于单层划分的施工段数乘以该建筑物的施工层数。即：

$$m = m_0 \times j \tag{6-1}$$

式中，m_0 表示每一层划分的施工段数。

2）划分施工段的目的

为了在组织流水施工中，保证不同的施工班组能在不同的施工段上同时进行施工，即使各施工班组按照一定的时间间隔从一个施工段转到另一个施工段进行连续施工，既消除等待、停歇现象，又互不干扰，同时又缩短了工期。

3）划分施工段的基本原则

① 主要专业工种在各施工段所消耗的劳动量应大致相等，其相差幅度不宜超过±15％，以保证各施工班组在不调整班组人数的情况下保持连续、均衡地施工。

② 在保证专业工作队劳动组合优化的前提条件下，施工段大小要满足专业工种对工作面的要求，施工段的数目要适宜。

③ 施工段的划分，通常以主导施工过程为依据。

④ 施工段划分界限应与施工对象的结构界限（温度缝、沉降缝或单元分界线）相一致，以便保证施工质量；如果必须将其设在墙体中间时，可将其设在门窗洞口处，以减少施工留槎。

⑤ 要有足够的工作面，以保证施工人员和机械有足够的操作和回旋余地。

工作面：在组织流水施工时，某专业工种所必须具备的一定的活动空间，称为该工种的工作面。为保证各专业队组能高效、安全作业，每个施工段的工作面应满足最小工作面要求。主要工种技工最小工作面见表 6-1。

主要工种每名技工最小工作面参考数据表 表 6-1

工作项目	每个技工的工作面	说明
砖基础	7.6m/人	以 1.5 砖计 2 砖乘以 0.83 3 砖乘以 0.55
砌砖墙	8.5m/人	以 1.5 砖计 2 砖乘以 0.71 3 砖乘以 0.55
毛石墙基	$3m^3$/人	以 600mm 宽计
毛石墙	$3.3m^3$/人	以 600mm 宽计
混凝土柱、墙基础	$8m^3$/人	机拌、机捣
混凝土设备基础	$7m^3$/人	机拌、机捣
现浇钢筋混凝土柱	$2.45m^3$/人	机拌、机捣
现浇钢筋混凝土梁	$3.20m^3$/人	机拌、机捣
现浇钢筋混凝土楼板	$5m^3$/人	机拌、机捣
预制钢筋混凝土柱	$5.3m^3$/人	机拌、机捣
预制钢筋混凝土梁	$3.6m^3$/人	机拌、机捣
预制钢筋混凝土屋架	$2.7m^3$/人	机拌、机捣
预制钢筋混凝土平板、空心板	$1.91m^3$/人	机拌、机捣
预制钢筋混凝土大型屋面板	$2.62m^3$/人	机拌、机捣
混凝土地坪及面层	$40m^3$/人	机拌、机捣
外墙抹灰	$16m^2$/人	
内墙抹灰	$18.5m^2$/人	
卷材屋面	$18.5m^2$/人	
防水水泥砂浆屋面	$16m^2$/人	
门窗安装	$11m^2$/人	

⑥ 当组织流水施工对象有层间关系时（即多层或高层建筑中），各专业班组应分层分段施工，并且使各施工班组能连续施工，因此每层的施工段数 m_0 必须大于或等于施工过程数 n，即：$m_0 \geqslant n$。

【例 6-2】某两层砖混结构房屋的主体工程，在组织流水施工时，将主体工程划分为砌砖墙、浇筑混凝土圈梁和安装楼板三个施工过程。每个施工过程在每个施工段上施工所需时间均为 3 天，试对 m_0 与 n 的关系进行计算与分析。

【解】

（1）分析一：当 $m_0 = n = 3$ 时，其流水施工进度计划如图 6-6 所示。

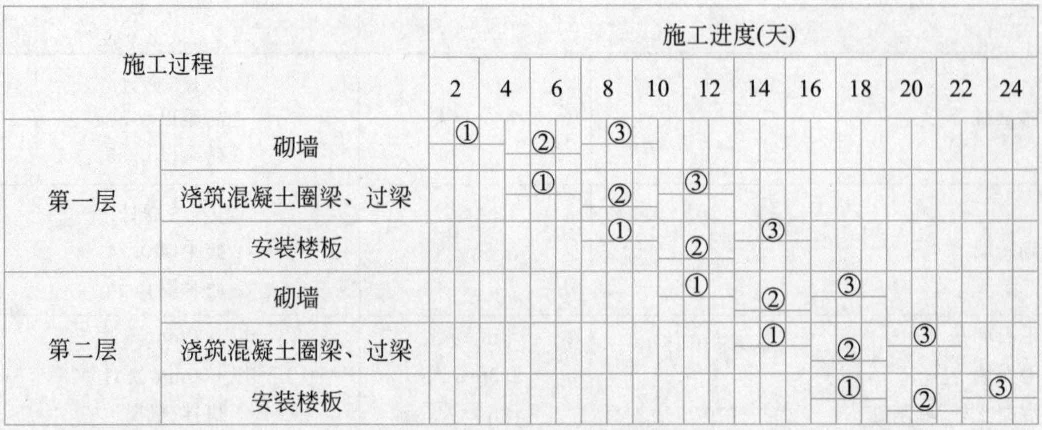

施工过程		施工进度(天)											
		2	4	6	8	10	12	14	16	18	20	22	24
第一层	砌墙	①		②	③								
	浇筑混凝土圈梁、过梁				①	②	③						
	安装楼板					①	②	③					
第二层	砌墙						①	②	③				
	浇筑混凝土圈梁、过梁							①	②		③		
	安装楼板									①	②	③	

图 6-6　$m_0 = n$ 时的施工进度计划

从图 6-6 中可以看出：各施工队组均能保持连续施工，每一个施工段上始终有施工班组，工作面能充分利用，无停歇现象，也不会产生工人窝工现象，这是最理想的流水施工安排。

（2）分析二：当 $m_0 > n$ 取 $m_0 = 4$ 时，其流水施工的横道进度计划如图 6-7 所示。

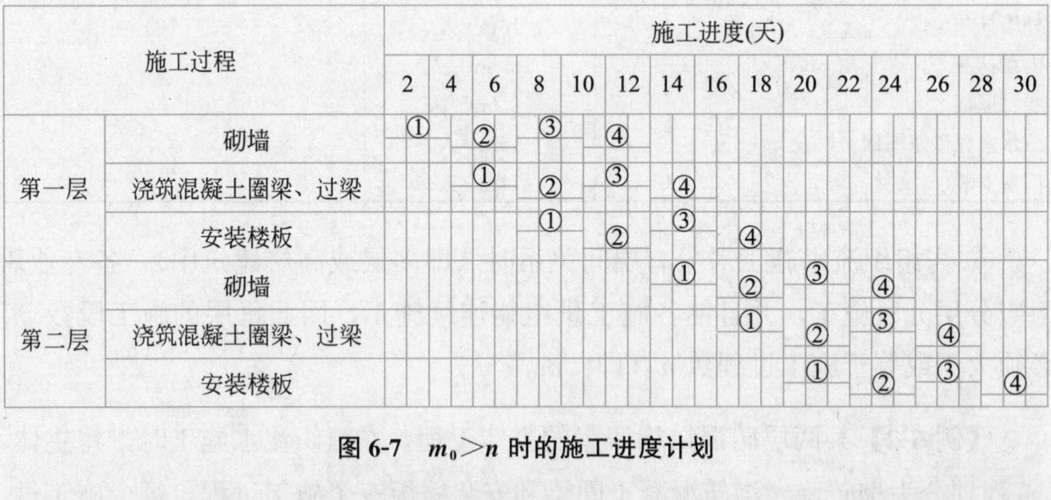

施工过程		施工进度(天)														
		2	4	6	8	10	12	14	16	18	20	22	24	26	28	30
第一层	砌墙	①		②	③	④										
	浇筑混凝土圈梁、过梁				①	②	③	④								
	安装楼板					①	②	③	④							
第二层	砌墙							①	②		③	④				
	浇筑混凝土圈梁、过梁								①		②	③		④		
	安装楼板										①	②		③		④

图 6-7　$m_0 > n$ 时的施工进度计划

从图 6-7 中可以看出：各施工队组均能保持连续施工，但施工段上的工作面不能充分利用，总有空闲的工作面。如第一层第一段在安装楼板的第 9 天完成后，第 10 天就应开始砌第二层第一段的砖墙，但此时砌墙的施工队组正在砌第一层第四段的砖墙，至第 12 天砌完，第 13 天才开始砌筑第二层第一段砖墙，使第二层第一段的工作面空闲了 3 天，因此，拖延了工期。在实际工程施工中，如果工作面空闲的时间不长，有时还是必要的，可以利用停歇的时间做养护、备料、弹线等工作。

分析三：当 $m_0<n$ 取 $m_0=2$ 时，其流水施工的横道进度计划如图 6-8 所示。

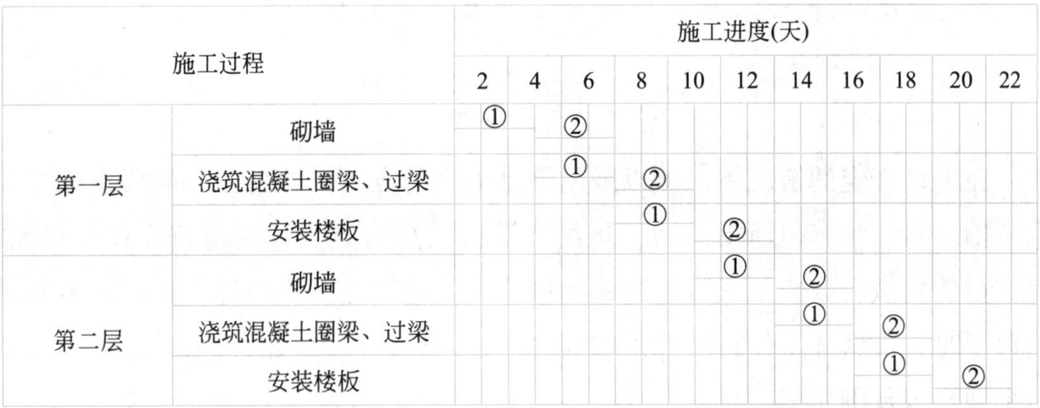

施工过程		施工进度(天)									
		2	4	6	8	10	12	14	16	18	20	22
第一层	砌墙	①		②								
	浇筑混凝土圈梁、过梁			①		②						
	安装楼板				①		②					
第二层	砌墙						①		②			
	浇筑混凝土圈梁、过梁								①	②		
	安装楼板										①	②

图 6-8　$m_0<n$ 时的施工进度计划

从图 6-8 中可以看出：尽管施工段上未出现停歇，但施工班组不能及时进入第二层施工段施工而出现窝工现象，如砌墙的班组从第 7 天至第 9 天处于窝工状态。

3. 时间参数

时间参数是指在组织流水施工时，用以表达流水施工在时间排列上的相互关系和所处状态的参数。主要有以下几种：

（1）流水节拍

1）流水节拍的概念

流水节拍是指从事某施工过程的施工班组在一个施工段上完成施工任务所需的时间，以 t_i 来表示。

2）流水节拍确定方法

$$t_i=\frac{Q_iH_i}{R_iN_i}=\frac{P_i}{R_iN_i} \qquad (6-2)$$

式中　t_i——某施工过程的流水节拍；

Q_i——某施工过程在某施工段上的工程量；

P_i——某施工过程在某施工段上的劳动量；

H_i——某施工过程的时间定额；

R_i——某施工过程的施工班组人数；

N_i——某施工过程每天的工作班制。

【例 6-3】某工程砌墙劳动量需 660 工日，采用一班制施工，班组人数为 22 人，若分为 5 个施工段，据式 6-2，则流水节拍为：

$$t_{砌墙}=\frac{660}{5\times22\times1}=6（工日）$$

在工期规定的情况下，可以采用倒排进度的方法，即根据工期要求确定流水节拍，然后计算出所需的施工班组人数或机械台数。计算时首先按一班制，若算得的机械台数或工人数超过施工单位能供应的数量或超过工作面所能容纳的数量时，可增加工作班次或采取其他措施，使每班投入的机械台数或工人数减少到合理范围。

3）确定流水节拍应考虑的因素

① 施工班组人数要适宜，既要满足最小劳动组合人数要求，又要满足最小工作面的要求。最小劳动组合，是指某一施工过程进行正常施工所必需的最低限度的班组人数及其合理组合；最小工作面，是指施工班组为保证安全生产和有效地操作所必需的工作空间。

② 工作班制要恰当。工作班制的确定要视工期要求、施工过程特点来确定。如不能留施工缝的现浇混凝土工程，有时要按两班或三班工作制来确定流水节拍。

③ 机械的台班效率或机械台班产量大小。

④ 确定一个分部工程的各施工过程流水节拍时，应先确定主导施工过程的流水节拍，然后再确定其他次要施工过程的流水节拍。

⑤ 节拍值一般取整数，必要时可保留 0.5 天的小数值。

（2）流水步距（$K_{i,i+1}$）

1）流水步距概念

在流水施工中，相邻两个施工过程或专业队组先后进入同一施工段开始施工的时间间隔称为流水步距，通常用 $K_{i,i+1}$ 表示。

流水步距的数目，取决于参加流水施工的施工过程数。如果施工过程为 n

个，则流水步距的总数为（$n-1$）个。

2）确定流水步距的原则

① 要满足相邻两个专业工作队在施工顺序上的制约关系；

② 要保证相邻两个专业工作队在各施工段上都能连续作业；

③ 使相邻两个专业工作队在开工时间上实现最大限度的搭接。

3）流水步距计算

流水步距的计算详见 6.1.3。

（3）技术与组织间歇时间

在组织流水施工时，有些施工过程完成后，后续施工过程不能立即投入施工，必须有一定的间歇时间，通常用 t_j 表示。

1）技术间歇时间：由施工工艺或材料性质决定的间歇时间。如混凝土浇筑后的养护时间、砂浆找平层及油漆面的干燥时间等。

2）组织间歇时间：由施工组织原因造成的间歇时间。如混凝土浇筑前地钢筋检查验收、墙体砌筑前地弹线以及其他作业前的准备时间。

（4）平行搭接时间

组织流水施工时，在工作面允许的情况下，如果前一个施工队组完成部分施工任务后，为了能够缩短工期，可使后一个施工过程的施工队组提前进入该施工段，两个相邻施工过程的施工班组同时在一个施工段上施工的时间，称为平行搭接时间，通常用 t_d 表示。

（5）工期

工期是指完成一项工程任务所需的时间。其计算公式一般为：

$$T = \sum K_{i,i+1} + T_n \tag{6-3}$$

式中　$\sum K_{i,i+1}$——流水施工中，相邻施工过程之间的流水步距之和；

T_n——流水施工中，最后一个施工过程在所有施工段上完成施工任务所需的时间。有节奏流水中，$T_n = \sum t_n$（t_n 指最后一个施工过程的流水节拍）；

6-5
流水施工的
时间参数（1）

6-6
流水施工的
时间参数（2）

【例 6-4】某工程施工划分为 A、B、C、D 四个施工过程，四个施工段。各施工过程的流水节拍分别为 $t_A=2$ 天、$t_B=3$ 天、$t_C=2$ 天、$t_D=3$ 天。其中施工过程 A、B 之间有 2 天的技术间歇时间（t_j），施工过程 C、D 之间有 1 天的搭接时间（t_d）。在组织流水施工中各参数表示见施工进度表如图 6-9 所示。

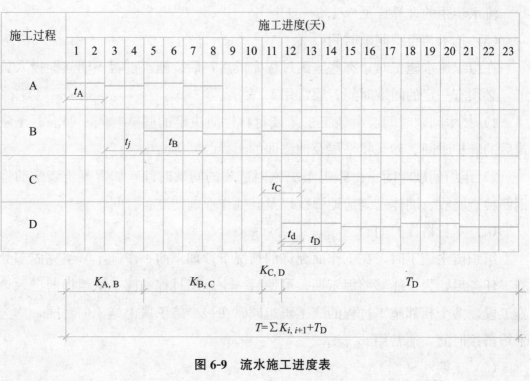

图 6-9　流水施工进度表

6.1.3　流水施工的组织方式

1. 流水施工的分类

（1）按流水施工的组织范围分类

1）细部流水（分项工程流水或施工过程流水）

细部流水是指对某一分项工程组织的流水施工。它是在一个分项工程内部各施工段之间进行连续作业的流水施工方式，是组织拟建工程流水施工的基本单元。

2）专业流水（分部工程流水）

专业流水的编制对象是一个分部工程，它是在一个分部工程内部由各分项工程流水组合而成的流水施工方式，是细部流水的工艺组合，也是组织项目流水的基础。

3）项目流水（单位工程流水）

项目流水是组织一个单位工程的流水施工，它以各分部工程的流水为基础，是各分部工程流水的组合，如土建单位工程流水。

4）综合流水（建筑群体工程流水）

综合流水是指组织多幢房屋或构筑物的大流水施工，是一个控制型的流水施工的组织方式。它是单位工程流水的综合与扩大。

（2）按流水施工的节奏特征分类

1）有节奏流水

有节奏流水是指同一施工过程在各施工段上的流水节拍都相等的一种流水施工方式。有节奏流水又根据不同施工过程之间的流水节拍是否相等，分为等节奏流水和异节奏流水。

2）无节奏流水

无节奏流水是指同一施工过程在各施工段上的流水节拍不完全相等的一种流水施工方式。各种流水施工方式之间的关系，如图 6-10 所示。

图 6-10　流水施工方式关系图

2. 全等节拍流水施工

（1）全等节拍流水施工的概念

全等节拍流水也叫等节奏流水，是指同一施工过程在各施工段上的流水节拍相等，不同施工过程之间的流水节拍也相等的一种流水施工方式。

【例6-5】某分部工程可以划分为 A、B、C、D、E 五个施工过程，每个施工过程可以划分为六个施工段，且各过程之间既无间歇时间也无搭接时间，流水节拍均为 4 天，试组织全等节拍流水施工。其进度计划安排如图 6-11 所示。

施工过程	施工进度(天)																			
	2	4	6	8	10	12	14	16	18	20	22	24	26	28	30	32	34	36	38	40
A																				
B																				
C																				
D																				
E																				

图 6-11　某分部工程全等节拍流水施工进度表

（2）全等节拍流水施工的特征

1）各施工过程在各施工段上的流水节拍彼此相等。即，t_i＝常数。

2）流水步距彼此相等，而且等于流水节拍值，即，$K_{i,i+1}$＝流水节拍（t_i）＝常数。

3）各专业工作队在各施工段上能够连续作业，各施工段没有空闲时间。

4）施工队组数 n_1 等于施工过程数 n。

（3）全等节拍流水施工参数的确定

1）施工段数（m）的确定

① 无层间关系时，按施工段划分的一般原则确定即可。

② 有层间关系时，如无间歇和搭接时间，宜取 $m_0＝n$；有间歇和搭接时间，应取 $m_0＞n$，m_0 的最少段数按下式确定：

6-7
等节拍
流水施工

$$m_0＝n＋t_{j1}/K＋t_{j2}/K－t_d/K \tag{6-4}$$

式中　m_0——每一层最少流水段数；

n——施工过程数；

t_{j1}——层内施工过程间歇时间；

t_{j2}——层间施工过程间歇时间；

t_d——施工过程搭接时间；

K——流水步距。

2）工期的确定

在全等节拍流水施工中，如流水组中的施工过程数为 n，施工段数为 m，所有施工过程的流水节拍均为 t_i，流水步距的数量为 $n-1$，则：

无层间关系　　$T=(m+n-1)t_i+\sum t_{j1}-\sum t_d$ 　　(6-5)

有层间关系　　$T=(m_0\times j+n-1)t_i+\sum t_{j1}-\sum t_d$ 　　(6-6)

（4）全等节拍流水施工的组织方法

1）划分施工过程，将工程量较小的施工过程合并到相邻的施工过程中去，目的使各过程的流水节拍相等。

2）根据主要施工过程的工程量以及工程进度要求，确定该施工过程的施工班组人数，从而确定流水节拍。

3）根据已确定的流水节拍，确定其他次要施工过程的施工班组人数。

4）检查按此流水施工方式组织的流水施工是否符合该工程工期以及资源等的要求。如果符合，则按此计划实施；如果不符合，则通过调整主导施工过程的班组人数，使流水节拍发生改变，从而调整了工期以及资源消耗情况，使计划符合要求。

【例 6-6】某五层共四个单元的砖混结构住宅的基础工程，每一个单元的施工顺序和工程量分别见表 6-2。垫层混凝土和条形基础混凝土浇筑完毕，各要养护 1 天方可进行下道工序施工。现已决定一个单元为一个施工段，按一班制组织流水施工，试按全等节拍流水组织施工，计算施工工期，并绘制施工进度横道图。

一幢房屋基础的施工过程及其工程量等指标　　　　表 6-2

序号	施工过程	工程量		劳动量（工日）	施工班组人数	工作班制	流水节拍
		数量	单位				
1	基槽挖土	180	m³	92	31	1	3
	浇筑混凝土垫层	16	m³	14	5		
2	绑扎钢筋	2.8	t	12	4	1	3
	浇筑混凝土基础	35	m³	30	10		
3	砌砖基础	45	m³	53	18	1	3
4	基础回填土	84	m³	23	8	1	3

【解】

（1）划分施工过程

由于混凝土垫层的工程量较小，将其与相邻的基槽挖土合并成一个"基槽挖土、混凝土垫层"施工过程；将工程量较小的绑扎钢筋与浇筑混凝土条形基础合并成一个"绑扎钢筋、浇筑混凝土基础"施工过程。

（2）确定主导施工过程的施工队组人数和流水节拍

本例中劳动量最大的"基槽挖土、混凝土垫层"是主导施工过程，假定用31人完成基槽挖土，5人完成混凝土垫层，按式6-2计算出主导施工过程的流水节拍 t_i：

$$t_i = \frac{P_i}{R_i b_i} = \frac{92+14}{(31+5)\times 1} = \frac{106}{36} = 3（天）$$

（3）根据主导施工过程的流水节拍，确定其他施工过程施工队组人数。

据式 6-2，导出下式：

$$R_i = \frac{P_i}{t_i N_i} \tag{6-7}$$

根据其他施工过程的劳动量和主导施工过程的流水节拍 $t_i = 3$，用式 6-7 计算出其他施工过程的施工队组人数。

1）绑扎钢筋、浇筑基础混凝土：$R_{筋混} = \frac{12+30}{3\times 1} = 14$（人）。其中绑扎钢筋 4 人，浇基础混凝土 10 人。

2）砌砖基础：$R_{砖基} = \frac{53}{3\times 1} = 18$（人）

3）基础回填土：$R_{回填} = \frac{23}{3\times 1} = 8$（人）

（4）计算工期

$$T = (m+n-1)t_i + \sum t_j - \sum t_d$$
$$= (4+4-1)3 + (1+1) - 0 = 23（天）$$

（5）进度计划表（图 6-12）

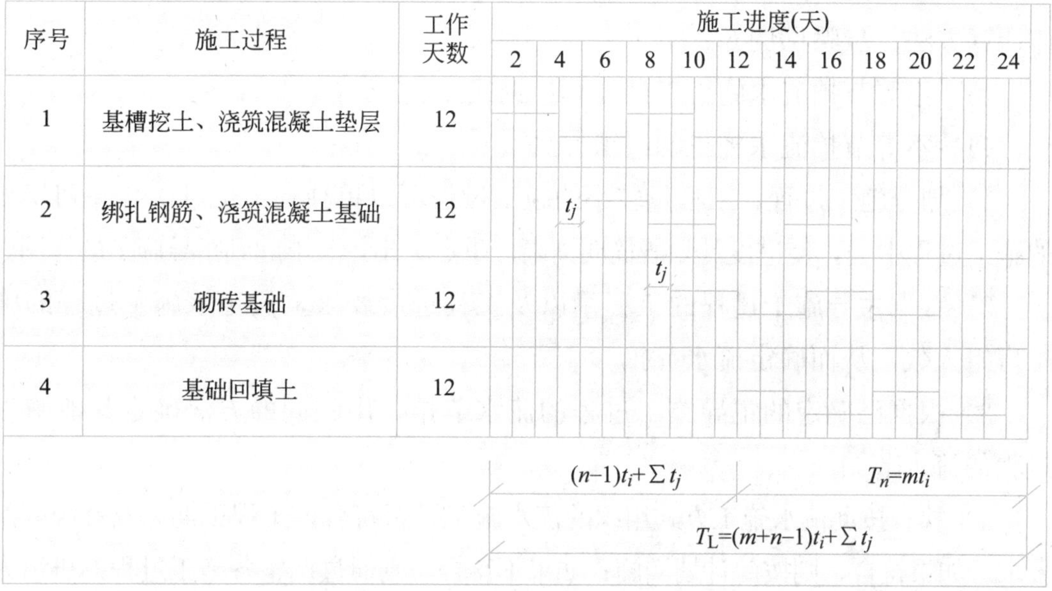

序号	施工过程	工作天数	施工进度(天)											
			2	4	6	8	10	12	14	16	18	20	22	24
1	基槽挖土、浇筑混凝土垫层	12												
2	绑扎钢筋、浇筑混凝土基础	12	t_j											
3	砌砖基础	12			t_j									
4	基础回填土	12												

$(n-1)t_i + \sum t_j$ 　　　　 $T_n = mt_i$

$T_L = (m+n-1)t_i + \sum t_j$

图 6-12　全等节拍流水施工进度计划

3. 不等节拍流水施工

不等节拍流水也称异节奏流水。

（1）不等节拍流水施工的特征

1）同一施工过程在各施工段上的流水节拍相等，不同施工过程之间的流水节拍不一定相等。

2）各施工过程的流水步距不一定相等。

3）各专业工作队在各施工段上能够连续作业，但有的施工段有空闲时间。

4）施工队组数 n_1 等于施工过程数 n。

（2）不等节拍流水步距的确定

流水步距的计算方法较多，这里只介绍通用的计算方法——累加数列法。即"累加数列错位相减取最大值"，其计算过程可表述为：

1）将每个施工过程的流水节拍逐段累加，求出累加数列，$\sum t_i$。

2）根据施工顺序，对求出的前后相邻的两累加数列错位相减，$\sum t_i - \sum t_{i+1}$。

3）取其最大差值即为流水步距，即 $K_{i,\,i+1}=\max\{\sum t_i-\sum t_{i+1}\}$。

由于这种流水步距的计算方法简捷、准确、通用性强，因此应用广泛。具体计算方法、步骤见例 6-7。

（3）不等节拍流水施工工期计算，见式 6-3。

（4）不等节拍流水施工的组织方法

1）划分施工过程，工程量较小的施工过程可以单独列项也可以合并到相邻的施工过程中去，使进度计划既简明清晰、重点突出，又能起到指导施工的作用。

2）根据主导施工过程的工程量以及工程进度要求，假定该施工过程的施工班组人数，从而确定流水节拍。

3）根据已确定的主导施工过程的流水节拍，用相同的方法确定其他施工过程的流水节拍。

4）检查按此流水施工方式组织的流水施工是否符合该工程工期以及资源等的要求。如果符合，则按此计划实施；如果不符合，则通过调整各施工过程的班组人数，使流水节拍发生改变，从而调整工期以及资源消耗情况，使计划符合要求。

【例 6-7】某住宅基础工程施工，有基槽挖土、混凝土垫层、基础及回填土四个施工过程，其流水节拍分别为 $t_A=3$ 天、$t_B=1$ 天、$t_C=2$ 天、$t_D=2$ 天，拟划分四个施工段组织流水施工。根据施工技术要求，垫层混凝土浇筑完毕要养护 1 天方可进行下道工序施工。试计算相邻施工过程之间的流水步距 $K_{i,i+1}$，计算施工工期，并绘制施工进度横道图。

【解】

（1）计算流水步距（$K_{i,i+1}$）

根据已知条件可知，该工程属于不等节拍流水施工，其流水步距可用"累加数列法"计算。

1）求各施工过程流水节拍的累加数列

$\sum t_A:$　3　6　9　12

$\sum t_B:$　1　2　3　4

$\sum t_C:$　4　8　12　16

$\sum t_D:$　2　4　6　8

2）确定流水步距

① 求 $K_{A,B}$

$$
\begin{array}{r}
3 \quad 6 \quad 9 \quad 12 \quad 0 \\
- \quad 0 \quad 1 \quad 2 \quad 3 \quad 4 \\
\hline
3 \quad 5 \quad 7 \quad 9 \quad -4
\end{array}
$$

$K_{A,B}=9$ 天

② 求 $K_{B,C}$

$$
\begin{array}{r}
1 \quad 2 \quad\quad 3 \quad\quad 4 \\
- \quad 0 \quad 4 \quad\quad 8 \quad\quad 12 \quad 16 \\
\hline
1 \quad -2 \quad -5 \quad -8 \quad -16
\end{array}
$$

$K_{B,C}=1+t_j=1+1=2$ 天

③ 求 $K_{C,D}$

$$
\begin{array}{r}
4 \quad 8 \quad 12 \quad 16 \\
- \quad 0 \quad 2 \quad 4 \quad 6 \quad 8 \\
\hline
4 \quad 6 \quad 8 \quad 10 \quad -8
\end{array}
$$

$K_{C,D}=10$ 天

（2）计算工期

$$
T=\sum K_{i,\,i+1}+T_n
$$

$$
=(9+2+10)+4\times2=29（天）
$$

（3）绘制施工进度计划，如图 6-13 所示。

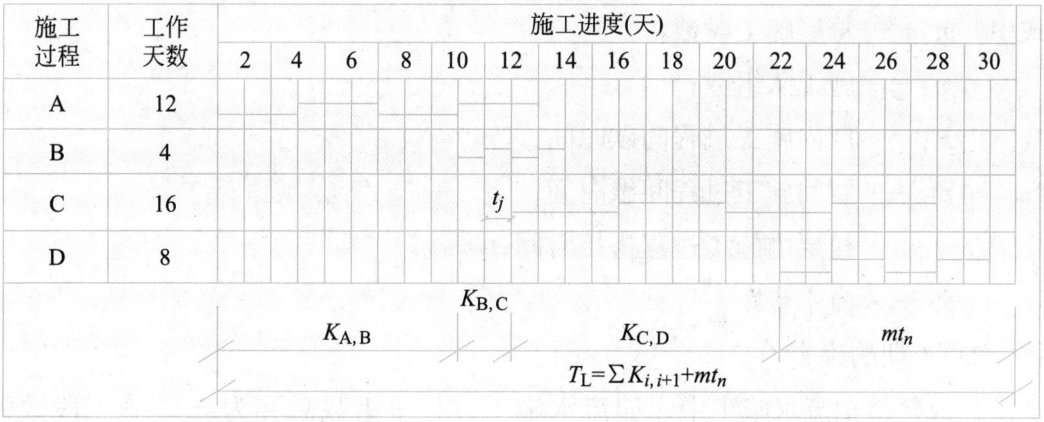

施工过程	工作天数	施工进度(天)														
		2	4	6	8	10	12	14	16	18	20	22	24	26	28	30
A	12															
B	4															
C	16					t_j										
D	8															

$K_{B,C}$

$K_{A,B}$　　　　$K_{C,D}$　　　　mt_n

$T_L=\sum K_{i,i+1}+mt_n$

图 6-13   不等节拍流水施工进度计划

4. 成倍节拍流水施工

成倍节拍流水施工又称等步距异节拍流水施工。

（1）成倍节拍流水施工的特征

1）同一施工过程在各施工段上的流水节拍相等，不同施工过程流水节拍不一定相等；但各施工过程的流水节拍均为最小流水节拍的整数倍（或节拍之间存在最大公约数）。

2）流水步距彼此相等，且等于最小流水节拍，即 $K_{i,i+1}=t_{\min}$。

3）各专业工作队在各施工段上能够连续作业，施工段没有空闲时间。

4）施工队组数 n_1 大于施工过程数 n。

（2）施工队组数的确定

$$n_1=\sum b_i \tag{6-8}$$

$$b_i=\frac{t_i}{t_{\min}} \tag{6-9}$$

式中　n_1——施工队组数总和；

　　　b_i——第 i 个施工过程的施工队组数。

（3）成倍节拍流水施工参数的确定

1）施工段数（m）的确定

① 当无层间关系时，按施工段划分的一般原则确定即可。

② 当有层间关系时，如无间歇和搭接时间，宜取 $m=n_1$；有间歇和搭接时间，应取 $m_0 > n_1$，m_0 的最少段数按下式确定：

$$m_0=n_1+t_{j1}/K+t_{j2}/K-t_d/K \tag{6-10}$$

式中　m_0——每层施工段数；

　　　n_1——施工队组数；

　　　t_{j1}——层内施工过程间歇时间；

　　　t_{j2}——层间施工过程间歇时间；

　　　t_d——楼层内施工过程搭接时间；

　　　K——流水步距。

2）工期的确定

在成倍节拍流水施工中，如流水施工过程班组数总和为 n_1，施工段数为 m，施工过程的最小流水节拍为 $t_{\min}$，则：

无层间关系　　$T = (m + n_1 - 1)t_{\min} + \sum t_j - \sum t_d$ 　　　　(6-11)

有层间关系　$T = (m_0 \times j + n_1 - 1)t_{\min} + \sum t_{j1} - \sum t_d$ 　　　(6-12)

（4）成倍节拍流水施工的组织方法

1）根据工程对象和施工要求，将工程划分为若干个施工过程。

2）根据工程量，计算每个过程的劳动量，再根据最小劳动量的施工过程班组人数确定出最小流水节拍。

3）确定其他各过程的流水节拍，通过调整班组人数，使各过程的流水节拍均为最小流水节拍的整数倍。

4）为了充分利用工作面，加快施工进度，各过程应根据其节拍为最小节拍最大公约数的整数倍关系相应调整施工班组数，每个施工过程所需的班组数可按式 6-9 计算：

5）检查按此流水施工方式确定的流水施工是否符合该工程工期以及资源等的要求。如果符合，则按此计划实施；如果不符合，则通过调整使计划符合要求。

成倍节拍流水施工方式在管道、线性工程中应用较多，在建筑工程中，也可根据实际情况选用此方式。

【例 6-8】已知某工程划分为四个施工过程（$n = 4$）、六个施工段（$m = 6$），各过程的流水节拍分别为 $t_A = 2$ 天、$t_B = 6$ 天、$t_C = 4$ 天、$t_D = 2$ 天，试组织成倍节拍流水施工，计算工期并绘制施工进度计划。

【解】

（1）计算每个施工过程的施工队组数 b_i。取 $t_{\min} = 2$ 天，根据式 6-9，可知：

$$b_A = \frac{t_i}{t_{\min}} = \frac{2}{2} = 1（个）\qquad b_B = \frac{t_i}{t_{\min}} = \frac{6}{2} = 3（个）$$

$$b_C = \frac{t_i}{t_{\min}} = \frac{4}{2} = 2（个）\qquad b_D = \frac{t_i}{t_{\min}} = \frac{2}{2} = 1（个）$$

（2）计算施工队组数总和 n_1

$$n_1 = \sum b_i = b_A + b_B + b_C + b_D = 1 + 3 + 2 + 1 = 7（个）$$

（3）计算工期 T

$$T=(m+n_1-1)t_{min}=(6+7-1)\times 2=24(天)$$

（4）绘制施工进度计划横道图，如图 6-14 所示。

施工过程	施工班组数	施工进度(天)																							
		1	2	3	4	5	6	7	8	9	10	11	12	13	14	15	16	17	18	19	20	21	22	23	24
A	A_{I}	①		②		③		④		⑤		⑥													
B	B_{I}					①						④													
	B_{II}							②						⑤											
	B_{III}									③							⑥								
C	C_{I}									①						③			⑤						
	C_{II}											②						④			⑥				
D	D_{I}													①		②		③		④		⑤		⑥	

图 6-14　成倍节拍流水施工

【注意】在施工中，如果无法按照成倍节拍特征增加相应班组数，每个施工过程都只有一个施工班组，则不具备组织成倍节拍流水施工的条件，只能按照不等节拍流水组织施工。如例题 6-8，如果不增加班组数，则按不等节拍组织流水施工。进度计划如图 6-15 所示。

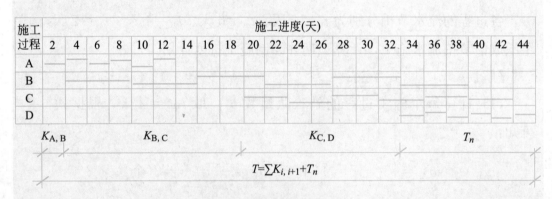

图 6-15　不等节拍流水施工

通过图 6-14 和图 6-15 对比可以看出，同样一个工程，如果组织成倍节拍流水施工，则工作面可得到充分利用，工期较短。

【例 6-9】某二层钢筋混凝土框架结构主体工程施工，分为支模板、绑扎钢筋和浇筑混凝土三个施工过程，其流水节拍分别为 $t_模＝2$ 天、$t_筋＝2$ 天、$t_混＝1$ 天，混凝土浇筑完成后需要养护 1 天才能继续施工。在保证各专业工作队连续施工的条件下，试组织成倍节拍流水施工。

【解】

（1）确定流水步距

$$K＝t_{\min}＝1（天）$$

（2）确定专业队组数

$$b_模＝2/1＝2（个）\qquad b_筋＝2/1＝2（个）\qquad b_混＝1/1＝1（个）$$

专业工作队总数：$n_1＝\sum b_i＝2＋2＋1＝5（个）$

（3）确定每层的施工段数

$$m_0＝n_1＋t_{j1}/K＋t_{j2}/K－t_d/K$$
$$＝5＋0/1＋1/1$$
$$＝6（段）$$

（4）计算工期

$$T＝(m_0×j＋n_1－1)t_{\min}＋\sum t_{j1}－\sum t_d$$
$$＝(6×2＋5－1)×1$$
$$＝16（天）$$

（5）绘制流水施工进度计划表，如图 6-16 所示。

施工过程	工作队	施工进度(天)															
		1	2	3	4	5	6	7	8	9	10	11	12	13	14	15	16
支模	A-1	1		3		5		1		3		5					
	A-2		2		4		6		2		4		6				
绑扎钢筋	B-1			1		3		1		1		3		5			
	B-2				2		4		6		2		4		6		
浇筑混凝土	C-1					1	2	3	4	5	6	1	2	3	4	5	6

注：——一层　════二层

图 6-16　流水施工进度计划

5. 无节奏流水施工

6-8
无节奏
流水施工

（1）无节奏流水施工的特征

1）同一施工过程在各施工段上的流水节拍不一定相等，不同施工过程流水节拍也不一定相等。

2）各流水步距不一定相等且相差较大。

3）各专业工作队在各施工段上能够连续作业，但有的施工段有空闲时间。

4）施工队组数 n_1 等于施工过程数 n。

（2）无节奏流水施工流水步距的确定

无节奏流水施工流水步距的计算方法与不等节拍流水施工一样，用"累加数列法"。

（3）无节奏流水施工的工期计算，见式6-3。

（4）无节奏流水施工的组织方法

无节奏流水是实际工程中常见的一种组织流水的方式。由于它不像有节奏流水那样有一定的时间规律约束，在进度安排上，比较灵活、自由，故该方法较为广泛地应用于实际工程。

组织无节奏流水施工的基本要求：

无节奏流水施工的实质是各专业班组连续流水作业，流水步距经计算确定，使工作班组之间在一个施工段内互不干扰，或前后工作班组之间工作紧密衔接。因此，组织无节奏流水施工的基本要求即是保证各施工过程的工艺顺序合理和各施工班组尽可能依次在各施工段上连续施工。

【例6-10】某工程分为四个施工过程、四个施工段，各施工过程在各施工段上的流水节拍见表6-3，试计算流水步距和工期，绘制流水施工进度计划表。

流水节拍　　　　　　　　　　　　　　　　　表6-3

施工过程＼施工段流水节拍	Ⅰ	Ⅱ	Ⅲ	Ⅳ
A	5	4	2	3
B	4	1	3	2

续表

施工过程 \ 流水节拍 \ 施工段	Ⅰ	Ⅱ	Ⅲ	Ⅳ
C	3	5	2	3
D	1	2	2	3

【解】

（1）流水步距计算

采用"累加数列法"进行计算

1）求 $K_{A,B}$

$$
\begin{array}{r}
5 \quad 9 \quad 11 \quad 14 \quad 0 \\
- \quad 0 \quad 4 \quad 5 \quad 8 \quad 10 \\
\hline
5 \quad 5 \quad 6 \quad 6 \quad -10
\end{array}
$$

$K_{A,B} = \max \{5, 5, 6, 6\} = 6$（天）

2）求 $K_{B,C}$

$$
\begin{array}{r}
4 \quad 5 \quad 8 \quad 10 \quad 0 \\
- \quad 0 \quad 3 \quad 8 \quad 10 \quad 13 \\
\hline
4 \quad 2 \quad 0 \quad 0 \quad -13
\end{array}
$$

$K_{B,C} = \max \{4, 2, 0, 0\} = 4$（天）

3）$K_{C,D}$

$$
\begin{array}{r}
3 \quad 8 \quad 10 \quad 13 \quad 0 \\
- \quad 0 \quad 1 \quad 3 \quad 5 \quad 8 \\
\hline
3 \quad 7 \quad 7 \quad 8 \quad -8
\end{array}
$$

$K_{C,D} = \max \{3, 7, 7, 8\} = 8$（天）

（2）工期计算

$$
\begin{aligned}
T &= \sum K_{i,i+1} + T_n \\
&= K_{A,B} + K_{B,C} + K_{C,D} + 1 + 2 + 2 + 3 \\
&= 6 + 4 + 8 + 8 \\
&= 26（天）
\end{aligned}
$$

该工程进度计划安排如图 6-17 所示。

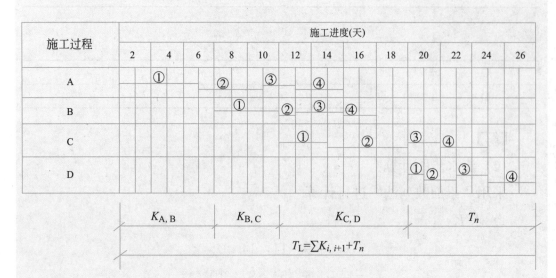

图 6-17 无节奏流水施工进度横道图

6. 绘制施工进度横道图的方法

绘制施工进度计划横道图的方法有两类：一类是先用公式计算出流水步距，然后再利用流水步距绘制横道图；另一类是不用计算流水步距，采用直接经验法绘制横道图。

在实际工程中，编制施工进度横道图时，一般采用经验绘制法。现把直接经验绘制法概括如下：

（1）当 $t_i \leqslant t_{i+1}$ 时，后一个施工过程的横道线应采用"从前往后画"的方法。

（2）当 $t_i > t_{i+1}$ 时，后一个施工过程的横道线应采用"从后往前画"的方法。

【例 6-11】某地基基础工程，其施工过程的施工顺序、流水节拍如下：基槽挖土，$t_A = 4$ 天；浇筑混凝土垫层，$t_B = 1$ 天；浇筑条形钢筋混凝土基础，$t_C = 2$ 天；砌筑砖基础，$t_D = 3$ 天；基槽、室内地坪回填土，$t_E = 2$ 天。施工规范规定：混凝土垫层、条形钢筋混凝土基础浇筑完毕，要养护 1 天方可进行下一道工序施工。现已决定划分四个施工段组织流水施工。试用经验绘图法绘制施工进度横道图。

【解】

（1）绘制第一个施工过程的横道线。绘制规则：一般工程的流水施工中，第一个施工过程第一段的横道线一律从流水施工的第一天开始画线，然后依次连续地"从前往后"分段画出各施工过程的横道线。相邻两个施工过程的横道线应上下相错，以便明示施工段的划分界限。

（2）绘制第二个施工过程的横道线。绘制规则：当 $t_i > t_{i+1}$ 时，后一个施工过程的横道线应采用"倒排"的方法绘制。即前一个施工过程的最后一段完成后，立即进行后一个施工过程最后一段，如果两个施工过程之间有技术间歇，应在绘制后一个施工过程最后一段横道线时留出技术间歇时间，然后以画好的后一个施工过程最后一段的横道线为基线，"从后往前"依次连续地分段画出其他各段的横道线。

（3）绘制第三个施工过程的横道线。绘制规则：当 $t_i < t_{i+1}$ 时，后一个施工过程的横道线应采用"从前往后画横道线"的方法绘制。即前一个施工过程的第一段完成后，立即进行后一个施工过程第一个施工段施工，如果两个施工过程之间有技术间歇，应在绘制后一个施工过程第一个施工段横道线时留出技术间歇时间，然后以画好的后一个施工过程第一段的横道线为基线，"从前往后"依次连续地分段画出其他各段的横道线。

（4）绘制第四个施工过程的横道线。绘制规则：当 $t_i < t_{i+1}$ 时，后一个施工过程的横道线应采用"从前往后画横道线"的方法绘制。

（5）绘制第五个施工过程的横道线。绘制规则：当 $t_i > t_{i+1}$ 时，后一个施工过程的横道线应采用"倒排"的方法绘制。

其施工进度计划横道图如图 6-18 所示。

序号	施工过程	工作天数	施工进度(天)														
			2	4	6	8	10	12	14	16	18	20	22	24	26	28	30	32
A	基槽挖土	16	①		②		③		④									
B	浇筑混凝土垫层	4							①②③④									
C	钢筋混凝土条形基础	8							①	②	③	④						
D	砌筑砖基础	12									①	②	③	④				
E	回填土	8											①	②	③	④		

图 6-18　不等节拍流水施工进度横道图

6.1.4　流水施工实例

流水施工是一种较为科学的组织施工的方式，有全等节拍流水、成倍节拍流水、不等节拍流水和无节奏流水四种。具体采用哪种流水施工组织方式，要根据工程具体情况来确定。下面以较为常见的工程施工实例——框架结构的流水施工，来阐述流水施工的具体应用。

某四层办公楼，底层为商业用房。建筑面积 2706.26m^2，基础为钢筋混凝土独立基础，主体工程为现浇钢筋混凝土框架结构。装修工程为塑钢门窗、胶合板门。外墙使用涂料，内墙为混合砂浆抹灰、普通涂料刷白；底层顶棚吊顶，楼地面贴地板砖；屋面用聚苯乙烯泡沫塑料板做保温层，其上面为 SBS 改性沥青防水层。劳动量见表 6-4。

【分析】

6-9
框架结构
主体施工
顺序

按照流水施工的组织步骤，首先在熟悉图纸及相关资料的基础上，将单位工程划分为四个分部工程：基础工程、主体工程、屋面工程、装饰装修工程，对各个分部工程划分施工段，再计算相应分项工程的工程量及劳动量，具体组织方法如下：

【解】

1. 基础工程

（1）划分分项工程

基础工程包括 6 个施工过程。由于基础采用机械大开挖形式，不纳入流水，故在 6 个施工过程中，参与流水施工的施工过程数有 5 个，即 $n=5$。

（2）划分施工段，基础部分划分为 2 个施工段（机械开挖土方不分段）。

（3）计算各分项工程的工程量、劳动量（表 6-4）。

（4）计算各分项工程流水节拍。

1）机械开挖采用一台机械，两班制施工，作业时间为：

$$t_{挖土} = \frac{6}{1 \times 2} = 3 \text{ 天}$$

某四层框架办公楼劳动量一览表　　　　　　　　　表 6-4

序号	分项工程名称	劳动量(工日或台班)
基础工程		
1	基坑挖土	6 台班
2	浇筑混凝土垫层	56
3	绑扎基础钢筋	87
4	支设基础模板	98
5	浇筑混凝土基础	236
6	回填土	126
主体工程		
7	搭脚手架及安全网	237
8	绑扎柱钢筋	159
9	柱、梁、板、梯模板	2468
10	柱混凝土	438
11	梁、板、梯绑扎钢筋	986
12	梁、板、梯混凝土	1506
13	拆模板	429
14	砌空心砖墙	382
屋面工程		
15	屋面保温层	147
16	屋面找平层	52
17	屋面防水层	49
装饰装修工程		
18	地面垫层	92
19	顶棚、内墙抹灰	1648
20	楼地面及楼梯抹灰	929
21	塑钢窗扇及胶合板门安装	87
22	油漆、涂料	259
23	外墙面砖	957
24	室外台阶、散水	52
25	水、电、暖	—

2）混凝土垫层，一班制，分两段施工，班组人数15人，作业时间：

$t_{垫层}=56/（15×2）=1.87$ 天，取 2 天，垫层完成后有两天的间歇时间。

3）本分部中浇筑混凝土是主导施工过程，劳动量为 236 个工日，施工班组人数为 20 人，采用两班制施工，其流水节拍为：

$$t_{混凝土}=236/（20×2×2）=2.95\ 天（取整为\ 3\ 天）$$

其他施工过程的流水节拍取 3 天，则：

绑扎基础钢筋为 87 个工日，1 班制施工，班组人数为：

$$R_{扎筋}=87/（3×2×1）=14.5\ 人（取整为\ 15\ 人）$$

支设基础模板筋为 98 个工日，1 班制施工，班组人数为：

$$R_{支模}=98/（3×2×1）=16.33\ 人（取整为\ 17\ 人）$$

回填土为 126 个工日，1 班制施工，班组人数为：

$$R_{回填}=126/（3×2×1）=21\ 人$$

（5）计算基础分部工程工期

基础工程工期＝挖土时间＋垫层＋间歇＋后四个过程全等节拍流水工期，即：

$$T_{基础}=3+4+（m+n-1）t=3+4+（2+4-1）3=22\ 天$$

2. 主体工程

（1）施工过程与施工段划分

主体工程包括 8 个施工过程。其中搭脚手架及安全网、拆模板、砌空心砖墙为平行穿插施工过程，只需根据施工工艺要求，尽量搭接施工即可，不纳入流水施工。

主体工程由于有层间关系，要保证施工过程流水施工，必须使 $m_0≥n$，否则会出现工人窝工现象。本工程 $m_0=2$，主体工程施工段数 $m=2×4=8$、$n=5$，不符合 $m_0≥n$ 的要求，而要继续组织流水施工，即主导工序必须连续均衡施工，次要工序可以在缩短工期的前提条件下，间断施工。

本主体工程主导工序为"柱、梁、板、梯模板"，而绑扎柱钢筋，柱混凝土，梁、板、梯绑扎钢筋，梁、板、梯混凝土这四项工序可以作为一项工序的时间来考虑，这样就达到 $m_0=n$ 的条件。对于拆模板、砌空心砖墙可以作为主体工程中独立的两个施工过程考虑，安排施工即可，比较灵活。

（2）计算各分项工程的工程量、劳动量（表 6-4）

（3）计算各分项工程流水节拍（首先计算主导工序流水节拍）

1）绑扎柱钢筋劳动量为 159 个工日，1 班制施工，班组人数为 20 人，流水节拍为：

$$t_{柱筋}=159/(20\times8\times1)=0.99\,天（取整为 1 天）$$

2）主导工序柱、梁、板、梯模板劳动量为 2468 个工日，班组人数为 25 人，2 班制施工，流水节拍为：

$$t_{模}=2468/(25\times8\times2)=6.17\,天（取整为 6 天）$$

3）柱混凝土劳动量为 438 工日，2 班制施工，班组人数为 30 人，流水节拍为：

$$t_{柱混凝土}=438/(30\times8\times2)=0.91\,天（取整为 1 天）$$

4）梁、板绑扎钢筋劳动量为 986 工日，2 班制施工，班组人数为 25 人，流水节拍为：

$$t_{梁板筋}=986/(25\times8\times2)=2.05\,天（取整为 2 天）$$

5）梁、板混凝土劳动量为 1506 工日，3 班制施工，班组人数为 30 人，流水节拍为：

$$t_{混凝土}=1506/(30\times8\times3)=2.09\,天（取整为 2 天）$$

后四个过程的流水节拍综合计算为 6 天（1＋1＋2＋2＝6），可与主导施工过程一起组织全等节拍流水施工，主体工程中钢筋混凝土工程的流水工期为：

$$T_1=(m+n-1)t=(8+2-1)6=54\,天$$

6）拆模板、砌空心砖墙的流水节拍

楼板底模应在浇筑完混凝土，且混凝土达到规定强度后方可拆模。根据实验室数据，混凝土浇筑完成后 12 天可以进行拆模，拆模完成即可进行墙体砌筑。

拆模劳动量为 429 工日，班组人数同支模班组人数为 30 人，1 班制施工，流水节拍为：

$$t_{拆模}=429/(30\times8\times1)=1.78\,天（取整为 2 天）$$

砌墙劳动量为 382 工日，班组人数同支模班组人数为 25 人，1 班制施工，流水节拍为：

$$t_{砌墙}=382/(25\times8\times1)=1.91\,天（取整为 2 天）$$

（4）主体工程的总工期为：

$$T_{主体}=T_1+t_{拆模}+t_{砌墙}=54+2+2=58（天）$$

3. 屋面工程

屋面工程分为三个施工过程，考虑其整体性，一般不划分施工段，采用依次施工方式组织施工。

（1）流水节拍的确定

屋面保温层劳动量为 147 工日，1 班制施工，班组人数为 30 人，工作持续时间为：

$$t_{保温}=147/(30\times1)=4.9\text{ 天（取整为 5 天）}$$

屋面找平层劳动量为 52 工日，1 班制施工，班组人数为 18 人，工作持续时间为：

$$t_{找平}=52/(18\times1)=2.88\text{ 天（取整为 3 天）}$$

屋面找平层完成后，有 7 天的养护和干燥时间，方可进行屋面防水层的施工。屋面防水层劳动量为 49 工日，1 班制施工，班组人数为 12 人，工作持续时间为：

$$t_{防水}=49/(12\times1)=4.08\text{ 天（取整为 4 天）}$$

（2）工期

$$T_{屋面}=5+3+4+7=19\text{（天）}$$

4. 装饰装修工程

（1）划分分项工程

装饰装修工程包括 7 个施工过程。地面垫层可以在模板拆除后穿插施工，不占用施工时间。

在装饰装修工程施工的组织中，顶棚、内墙抹灰为一项，塑钢窗扇及胶合板门安装为一项，油漆涂料、楼地面及楼梯面砖共四个施工过程组织流水施工。

（2）划分施工段

每层划分为 1 个施工段，共 4 个施工段，采用自上而下的施工顺序。

（3）计算各分项工程的工程量、劳动量（表 6-4）

（4）计算各分项工程流水节拍（按照不等节拍流水组织施工）

1）地面垫层为 92 个工日，1 班制作业，班组人数 15 人，其施工持续时间为：

$$t_{地面}=92/(15\times1)=6.13\text{ 天（取整为 6 天）}$$

2）顶棚、内墙抹灰劳动量为 1648 工日，1 班制施工，施工班组人数 60

人，流水节拍为：

$$t_{抹灰}=1648/(60×4×1)=6.87 天（取整为 7 天）$$

3）楼地面及楼梯抹灰劳动量为 929 工日，1 班制施工，班组人数为 33 人，流水节拍为：

$$t_{楼面}=929/(33×4×1)=7.03 天（取整为 7 天）$$

4）塑钢窗扇及胶合板门安装劳动量合并为 87 工日，1 班制施工，班组人数 7 人，流水节拍为：

$$t_{门窗}=87/(7×4×1)=3.11 天（取整为 3 天）$$

5）油漆、涂料劳动量为 259 工日，1 班制施工，班组人数为 22 人，流水节拍为：

$$t_{涂料}=259/(22×4×1)=2.94 天（取整为 3 天）$$

6）外墙面砖劳动量为 957 工日，1 班制施工，班组人数 34 人，其施工持续时间为：

$$t_{外墙}=957/(34×1)=28.1 天（取整为 28 天）$$

7）室外台阶、散水劳动量为 52 工日，1 班制作业，班组人数 9 人，其施工持续时间为：

$$t_{室外}=52/(9×1)=5.7 天（取整为 6 天）$$

装饰装修分部工程流水部分施工工期为：

$$T_1=\sum K_{i,i+1}+T_n=7+19+3+4×3=41（天）$$

装饰装修分部工程施工工期为：

$$T_{装饰}=T_1+t_{台阶}+t_{地面}=41+6+6=53（天）$$

当所有分部工程都组织流水施工后，再按照各个分部工程之间的连接关系即是否存在搭接或间歇时间将各分部工程流水汇总，形成单位工程流水。

基础工程与主体工程搭接 3 天，屋面工程与部分主体工程和部分装饰装修工程平行施工，装饰装修分部工程的地面垫层与主体搭接 4 天，因此总工期为：

$$T_{基础}+T_{主体}+T_{装饰}-搭接时间=22+58+53-3-4=126（天）$$

注意：脚手架工程、其他以及水电工程为配合土建施工穿插进行，因此在进度计划中只表示其开始和结束穿插施工的时间，横道跨越的时间并不表示该施工过程持续施工的时间。施工进度计划安排如图 6-19 所示。

序号	分部分项工程施工	劳动量[工日]	班组人数	工作班次	持续天数	施工进度(天)
	基础工程					
1	基坑挖土	6台班	12	2	3	
2	混凝土垫层	56	15	1	4	
3	绑扎基础钢筋	87	15	1	6	
4	支设基础模板	98	17	1	6	
5	浇筑混凝土基础	236	20	2	6	
6	回填土	126	21	1	6	
	主体工程					
7	搭脚手架及安全网	237				
8	绑扎柱钢筋	159	20	1	8	
9	柱、梁、板、梯模板	2468	25	2	48	
10	柱混凝土	438	30	2	8	
11	梁、板、梯绑扎钢筋	986	25	2	16	
12	梁、板、梯混凝土	1506	30	3	16	
13	拆模板	429	30	1	16	
14	砌空心砖墙	382	25	1	16	
	屋面工程					
15	屋面保温层	147	30	1	5	
16	屋面找平层	52	18	1	3	
17	屋面防水层	49	12	1	4	
	装饰装修工程					
18	地面垫层	92	15	1	6	
19	顶棚、内墙抹灰	1648	60	1	28	
20	楼地面及楼梯抹灰	929	33	1	28	
21	塑钢窗扇胶合板门安装	87	7	1	12	
22	油漆、涂料	259	22	1	12	
23	外墙面砖	957	34	1	28	
24	室外散水、台阶	52	9	1	6	
25	水、电、暖					

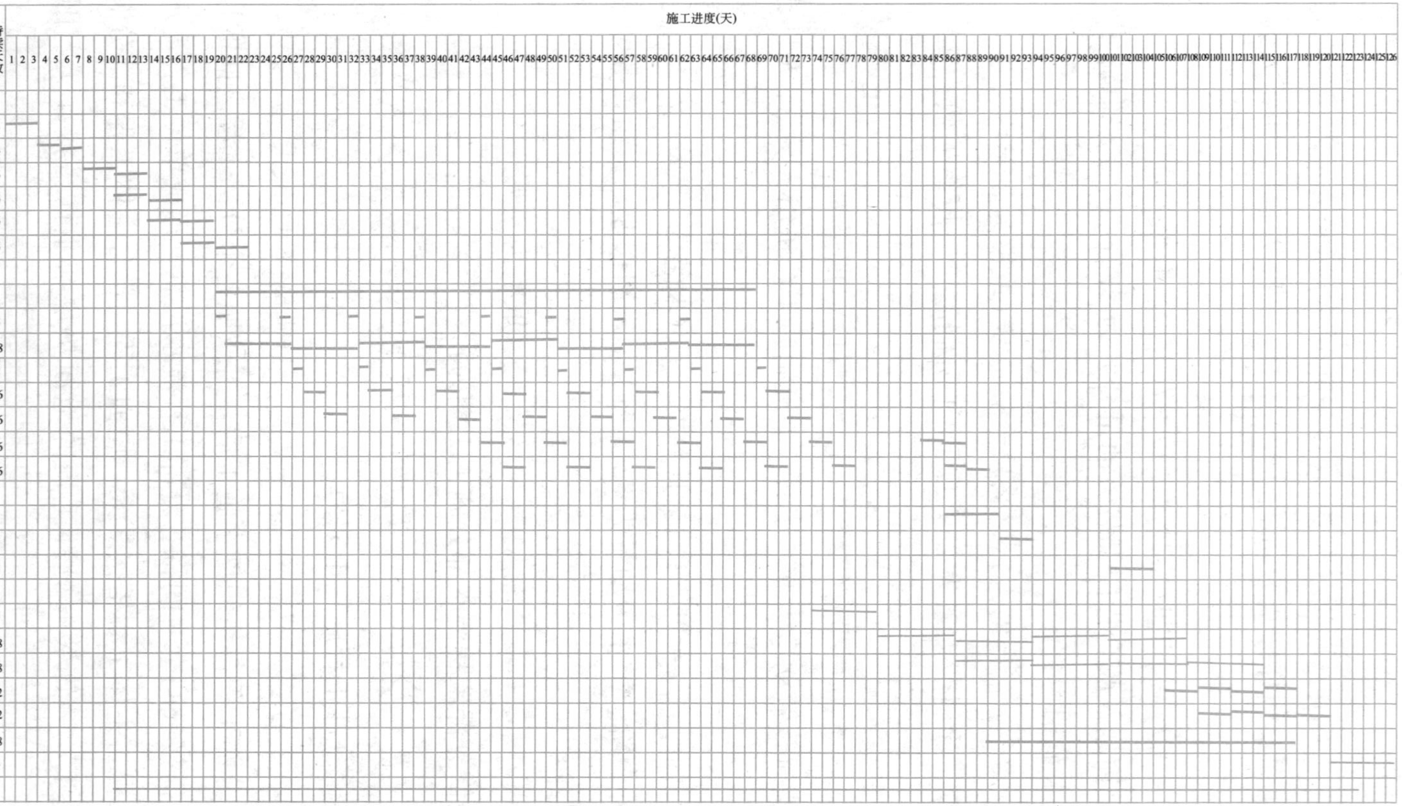

图 6-19　某四层框架办公楼施工进度计划表

6.2　网络计划技术应用

网络计划技术是用于工程项目计划与控制的一项管理技术，借助于网络表示各项工作与所需要的时间，以及各项工作的相互关系，统称为"网络计划法"。如今，网络计划技术已被广泛应用于工业、农业、国防、科技等各个领域。

6.2.1　网络计划简介

施工进度计划横道图虽然比较容易编辑，且简单、明了、直观、易懂，但是横道图只能表明已有的静态关系，不能反映出各项工作之间错综复杂、相互联系、相互制约和协作关系，无法反映出工程的关键所在。而网络计划是使目标更为明确，优化更为方便的进度计划。

【例 6-12】某工程由支模板、绑扎钢筋、浇筑混凝土三个施工过程组成，划分三个施工段组织流水施工，各施工过程流水节拍依次为 4 天、3 天和 2 天，现分别采用横道图、双代号网络图、单代号网络图和双代号时标网络图表示（图 6-20～图 6-23）。

施工过程	施工进度(天)																
	1	2	3	4	5	6	7	8	9	10	11	12	13	14	15	16	17
支模板																	
绑扎钢筋																	
浇筑混凝土																	

图 6-20　流水施工横道图

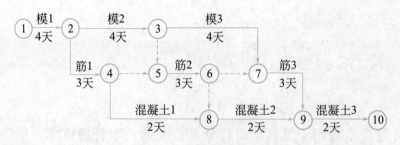

图 6-21　双代号网络图

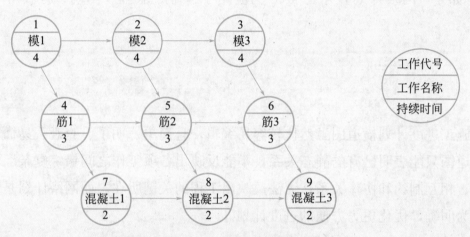

图 6-22　单代号网络图

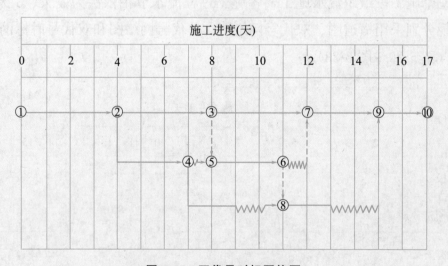

图 6-23　双代号时标网络图

1. 施工进度网络计划的表示方式

网络计划是建立在网络图基础上的。网络图按箭线和节点所代表的含义不同，可分为双代号网络图和单代号网络图，分别如图 6-21 和图 6-22 所示。根据有无时间坐标（即按其箭线的长度是否按照时间坐标刻度表示），双代号

6-10
网络计划的
基本概念

网络图分为：无时标网络图（即一般双代号网络图）和时标网络图，如图 6-23 所示。

2. 网络计划的优缺点

网络计划同横道计划相比具有以下优缺点：

（1）从工程整体出发，统筹安排，能明确表示工程中各项工作间的先后顺序和相互制约、相互依赖关系。

（2）通过网络时间参数计算，找出关键工作和关键线路，显示各项工作的机动时间，从而使管理人员集中精力抓施工中的主要矛盾，确保按期竣工，避免盲目抢工。

（3）通过优化，可在若干可行方案中找到最优方案。

（4）网络计划执行过程中，由于可通过时间参数计算，预先知道各项工作提前或推迟完成对整个计划的影响程度，管理人员可以采用技术组织措施对计划进行有效地控制和监督，从而加强施工管理工作。

（5）可以利用计算机对复杂的计划进行计算、调整与优化，实现计划管理的科学化。

网络计划虽然具有以上优点，但也存在一些缺点，如表达计划不直观、不易看懂、不易反映出流水施工的特点、不易显示资源平衡情况等。以上不足之处可以采用时标网络计划来弥补。

6.2.2　双代号网络图

1. 双代号网络图的表示方法

以一个箭线及其两端节点（圆圈）的编号表示一项工作（施工过程、工序、活动等）编制而成的网络图称为双代号网络图。如图 6-21 所示。

工作名称写在箭线上方，工作持续时间写在箭线下方，箭尾表示工作开

始，箭头表示工作结束，并在节点内进行编号，用箭尾节点号码 i 和箭头节点号码 j 作为这个工作的代号，如图 6-24 所示。由于各工作均用两个代号表示，所以叫作双代号表示方法，用双代号网络图表示的计划叫作双代号网络计划。

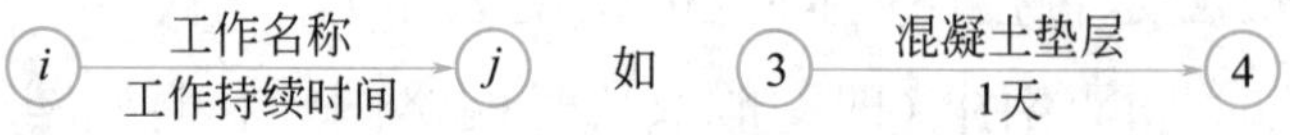

图 6-24 双代号表示方法

2. 构成双代号网络图的基本要素

双代号网络图由箭线、节点和线路三个基本要素构成，其各自表示的内容如下：

（1）箭线

网络图中一端带箭头的线段叫箭线。在双代号网络图中，箭线有实箭线和虚箭线两种，两者表示的含义不同。

1）实箭线

① 一根实箭线表示一个施工过程或一项工作（工序）。实箭线表示的工作可大可小，如支模板、绑扎钢筋、浇筑混凝土等，也可以表示一个分部工程或工程项目。

② 一根实箭线表示需消耗时间及资源的一项工作。一般而言，每项工作的完成都要消耗一定的时间和资源，如砌墙、浇筑混凝土等；也存在只消耗时间而不消耗资源的工作，如混凝土养护、砂浆找平层干燥等技术间歇，若单独考虑时，也应作为一项工作对待。

③ 实箭线的所指方向为工作前进的方向，箭尾表示工作的开始，箭头表示工作的结束。

④ 在无时间坐标的网络图中，箭线的长度不代表工作持续时间的长短。

⑤ 箭线应画成水平直线、垂直直线或折线，水平直线投影的方向自左向右。

2）虚箭线

在双代号网络图中，虚箭线仅表示工作的逻辑关系。它不是一项正式的工序，而是在绘制网络图时根据逻辑关系增设的一项"虚拟工作"，主要是帮助正确表达各工作之间的关系。

（2）节点

网络图中箭线端部的圆圈就是节点。

1）节点的内容

① 表示前一工作结束和后一工作开始的瞬间，所以节点不需要消耗时间和资源。

② 箭线的箭尾节点表示该工作的开始，称为该工作的开始节点；箭线的箭头节点表示该工作的结束（或完成），称为该工作的结束节点（或完成节点）。如图 6-25 所示。

图 6-25　开始节点与结束节点

③ 根据节点在网络图中的位置不同可以分为起点节点、终点节点和中间节点。如图 6-21 所示，起点节点是网络图的第一个节点，它表示一项任务的开始，节点①即为起点节点；终点节点是网络图的最后一个节点，表示一项任务的完成，节点⑩即为终点节点；中间节点是除起点节点和终点节点以外的节点，节点②～⑨均为中间节点。中间节点既表示紧前各工作的结束，又表示紧后各工作的开始。紧排在本工作之前的工作称为本工作的紧前工作，紧排在本工作之后的工作称为本工作的紧后工作，如图 6-25 所示。

2）节点的编号

网络图中的每个节点都有自己的编号，以便赋予每项工作以代号，且便于计算网络图的时间参数和检查网络图是否正确。

① 节点编号的原则。其一，箭头节点编号大于箭尾节点编号，因此节点编号顺序是：从起点节点开始，依次向终点节点进行；其二，在一个网络图中，所有节点的编号不能重复，号码可以按自然数顺序连续进行，也可以不连续。

② 节点编号的方法。一种是水平编号法，即从起点节点开始由上到下逐行编号，每行则自左到右按顺序编号，如图 6-21 所示；另一种是垂直编号法，即从起点节点开始由自左到右逐列编号，每列则自上到下按顺序编号，如

图 6-43 所示。

（3）线路、关键线路和关键工作

1）线路

网络图中从起点节点开始，沿箭头方向，通过一系列箭线与节点，最后达到终点节点的通路称为线路。一个网络图中，从起点节点到终点节点，一般都存在着许多条线路，每条线路都包含若干项工作，这些工作的持续时间之和就是该线路的时间长度，即线路上总的工作持续时间。如图 6-26 所示。

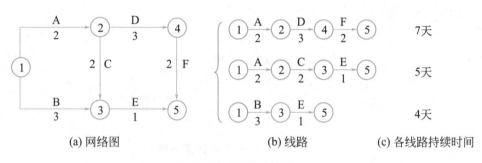

(a) 网络图　　　　　　　　(b) 线路　　　　　　　(c) 各线路持续时间

图 6-26　网络图的线路

2）关键线路和关键工作

线路上总的工作持续时间最长的线路称为关键线路。如图 6-26 所示，线路①→②→④→⑤总的工作持续时间最长，即为关键线路。其余线路为非关键线路。位于关键线路上的工作称为关键工作。关键工作完成的快慢直接影响整个计划工期的实现。

6-11
双代号
网络图的
组成

一般来说，一个网络图中至少有一条关键线路。关键线路也不是一成不变的，在一定条件下，关键线路和非关键线路会相互转化。例如，当采取技术组织措施，缩短关键工作的持续时间，或者非关键工作持续时间延长时，就有可能使关键线路发生转移。网络计划中，关键工作的比重不宜过大，这样有利于抓住主要矛盾。

关键线路宜用粗箭线、双箭线或彩色箭线标注，以突出其在网络计划中的重要地位。

3. 网络图的逻辑关系

网络图的逻辑关系是指网络图中工作之间先后顺序关系。工作之间的逻辑关系包括工艺关系和组织关系。

（1）工艺关系

是指生产性工作之间由工艺过程决定的、非生产性工作之间由工作程序决定的先后顺序关系。如图 6-27 所示，"模 1→筋 1→混凝土 1"为工艺关系。

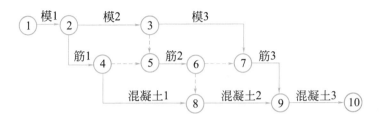

图 6-27 某工程施工逻辑关系

（2）组织关系

是指工作之间由于组织安排需要或资源（劳动力、材料、施工机具等）调配需要而人为安排的先后顺序关系。如图 6-27 所示，"模 1→模 2→模 3"为组织关系。

4. 几个重要的基本概念

（1）紧前工作

紧排在本工作之前的工作称为本工作的紧前工作。本工作和紧前工作之间可能有虚工作。如图 6-27 所示，"模 1"是"模 2"的紧前工作；"筋 2"和"混凝土 1"都是"混凝土 2"的紧前工作。

（2）紧后工作

紧排在本工作之后的工作称为本工作的紧后工作。本工作和紧前工作之间可能有虚工作。如图 6-27 所示，"模 2"和"筋 1"都是"模 1"的紧后工作；"模 3"和"筋 2"都是"模 2"的紧后工作。

（3）平行工作

可与本工作同时进行的工作称为本工作的平行工作。如图 6-27 所示，"模 2"和"筋 1"互为平行工作。

6-12
网络图的
逻辑关系

5. 双代号网络图的绘制

（1）常用的逻辑关系表示方法（表 6-5）

常用的逻辑关系表示方法   表 6-5

序号	工作之间的逻辑关系	网络图中的表示方法	说明
1	A、B、C 三项工作，依次施工。即 A→B→C		工作 B 依赖工作 A，工作 A 约束工作 B

序号	工作之间的逻辑关系	网络图中的表示方法	说明
2	A、B、C 三项工作:A 完成后,B、C 才能开始。 即 A→B、C		B、C 为平行工作,同时受 A 工作制约
3	A、B、C 三项工作:C 只能在 A、B 完成后才能开始。 即 A→C;B→C		A、B 为平行工作
4	A、B、C、D 四项工作:当 A 完成后,B、C 才能开始,B、C 完成后 D 才能开始。 即 A→B、C;B、C→D		B、C 为平行工作,同时受 A 工作制约,又同时制约 D 工作
5	A、B、C、D 四项工作:A 完成后,C 才能开始,A、B 完成后,D 才能开始。 即 A→C、D;B→D		A、D 之间引入了虚工作,只有这样才能正确表达它们之间的约束关系
6	A、B、C、D、E 五项工作:A、B 完成之后,D 才能开始;B、C 完成之后,E 才能开始 即 A→D;B→D、E;C→E		B、D 之间和 B、E 之间引入了虚工作,只有这样才能正确表达它们之间的约束关系
7	A、B、C、D、E 五项工作:A 完成之后,C、D 才能开始;B 完成之后,D、E 才能开始 即 A→C、D;B→D、E		A、D 之间和 B、D 之间引入了虚工作,只有这样才能正确表达它们之间的约束关系
8	A、B、C、D、E 五项工作:A、B、C 完成之后,D 才能开始;B、C 完成之后,E 才能开始 即 A→D;B→D、E;C→D、E		虚工作正确处理了作为平行工作的 A、B、C 既全部作为 D 的紧前工作,又部分作为 E 的紧前工作的关系
9	A、B 两项工作;按三个施工段组织流水施工 A 先开始,B 后结束		A、B 平行搭接施工

（2）虚箭线的作用

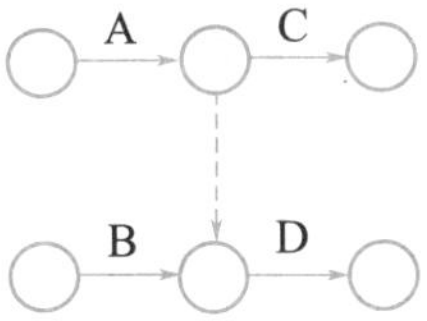

虚箭线的作用主要是帮助正确表达各工作之间的关系，避免出现逻辑错误。虚箭线的作用主要是：连接、区分和断路。如图 6-28 所示。

图 6-28　连接作用示意

1）连接作用

例如：A、B、C、D 四项工作；A 完成后，C 才能开始；A、B 完成后，D 才能开始。即 A→C、D；B→D。

A 和 B 比较，B 后面只有 D 这一项紧后工作，则将 D 直接画在 B 的箭头节点上；C 仅作为 A 的紧后工作，则将 C 直接画在 A 的箭头节点上；A 的紧后工作除了 C 外还有 D，此时必须引进虚箭线，将 A 与 D 两项工作连接起来。此时，虚箭线起到了逻辑连接作用。

2）区分作用

例如：A、B、C、D 四项工作；当 A 完成后，B、C 才能开始；B、C 完成后，D 才能开始。即 A→B、C；B、C→D。

图 6-29（a）中逻辑关系是正确的，但出现了无法区分代号②→③究竟代表 B，还是代表 C 的问题，因此需在 B、D 之间引进虚箭线加以区分（图 6-29b）。两过程相比较，紧前工作相同、紧后工作也完全相同，此时要用到起区分作用的虚箭线。

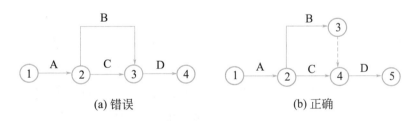

(a) 错误　　　　　　　　　　(b) 正确

图 6-29　区分作用示意

3）断路作用

例如：某工程由支模板、绑扎钢筋、浇筑混凝土三个施工过程组成，它在平面上划分三个施工段，组织流水施工，试据此绘制双代号网络图。

图 6-30（a）的网络图是错误的，是因为该网络计划中"模 2"与"混凝土 1"、"模 3"与"混凝土 2"这两处把并无联系的工作联系上了，出现了多余联系的错误。

为了消除错误的联系，在出现逻辑错误的节点之间增设新节点（即虚箭线）、即将"筋1"的结束节点与"筋2"的开始节点、"筋2"的结束节点与"筋3"的开始节点分开，切断毫无关系的工作之间的关系，其正确的网络图如图6-30（b）所示。这里增加了④┈▸⑤和⑥┈▸⑦两个虚箭线，起到了逻辑断路的作用。

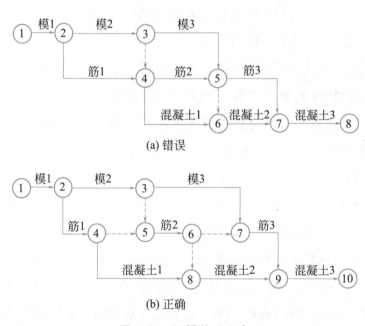

图 6-30　逻辑关系示意

（3）双代号网络图的绘制规则

1）双代号网络图必须表达已定的逻辑关系。

2）在双代号网络图中，严禁出现循环回路。即不允许从一个节点出发，沿箭线方向再返回到原来的节点。在图6-31中，②→③→④→②就组成了循环回路，出现违背逻辑关系的错误。

3）在双代号网络图中，节点之间严禁出现带双向箭线或无箭头的连线。在图6-32中，③—⑤连线无箭头、②◄—►⑤连线有双向箭头，均是错误的。

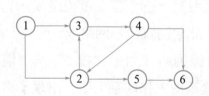

图 6-31　不允许出现循环回路

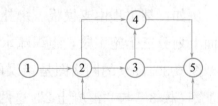

图 6-32　不允许出现双向箭头及无箭头

4）在双代号网络图中，严禁出现没有箭尾节点的箭线或没有箭头节点的箭线。如图 6-33 所示。

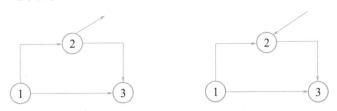

图 6-33 没有箭尾节点和没有箭头节点的箭线的错误网络图

5）在一个网络图中，不允许出现同样编号的节点或箭线。在图 6-34（a）中，A、B 两个施工过程均用①→②代号表示（即出现了相同编号的箭线）是错误的，正确的表达应如图 6-34（b、c）所示。

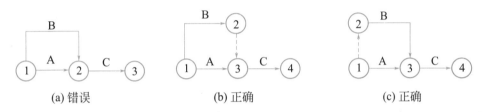

（a）错误　　　　　（b）正确　　　　　（c）正确

图 6-34 不允许出现相同编号的节点或箭线

6）在一个网络图中，只允许有一个起点节点和一个终点节点。图 6-35 中，出现了①、②两个起点节点是错误的，出现了⑦、⑧两个终点节点也是错误的。

如果出现多个起点节点或多个终点节点，其解决方法是：将没有紧前工作的节点全部合并为一个节点，即起点节点；将没有紧后工作的节点全部合并为一个节点，即终点节点。

起点节点和终点节点判别方法：无内向箭线的节点为起点节点；无外向箭线的节点为终点节点。如图 6-36 所示。

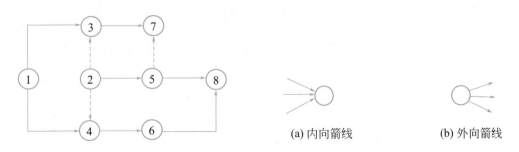

（a）内向箭线　　　　　（b）外向箭线

图 6-35 只允许有一个起点节点和一个终点节点　　　**图 6-36 内向箭线和外向箭线**

7）在双代号网络图中，不允许出现一个代号代表一个施工过程。如图 6-37 所示。

(a) 错误　　　　　　　　　(b) 正确

图 6-37　不允许出现一个代号代表一项工作

8）在双代号网络图中，应尽量减少交叉箭线，当无法避免时，通常采用过桥法或断线法表示。如图 6-38 所示。

(a) 过桥法　　　　　　　　　(b) 断线法

图 6-38　箭线交叉的处理方法

（4）双代号网络图的绘制方法与步骤

在绘制双代号网络图时，先根据网络计划的逻辑关系，绘制出草图，再按照绘图规则进行调整布局，最后形成正式网络图，具体绘制方法和步骤如下：

1）绘制没有紧前工作的工作，如果有多项工作，则使它们具有相同的箭尾节点，即起点节点。

2）依次绘制其他工作箭线。

3）合并没有紧后工作的箭线，即终点节点。

4）检查逻辑关系没有错误，也无多余箭线后，进行节点编号。

【例 6-13】已知各工作间的逻辑关系见表 6-6，试绘制双代号网络图。

工作间的逻辑关系　　　　　　　　　　　表 6-6

工作名称	A	B	C	D	E	F	G	H
紧前工作	—	—	—	A	A、B	C	D、E	E、F
紧后工作	D、E	E	F	G	G、H	H	—	—

【解】

1) 绘制没有紧前工作的 A、B、C，如图 6-39（a）所示。

2) 绘制 F，C 只有一个紧后工作 F，将 F 的箭线直接画在 C 的箭头节点上即可。同理，将 E 的箭线直接画在 B 的箭头节点上，如图 6-39（b）所示。

3) 绘制 D，D 仅作为 A 的紧后工作，将 D 的箭线直接画在 A 的箭头节点上即可，如图 6-39（b）所示。

4) 用虚箭线连接 A 与 E，箭头方向向下，如图 6-39（b）所示。

5) 同步骤 2) 绘制 G 和 H，如图 6-39（c）所示。

6) 用虚箭线连接 E 与 G，箭头方向向上；用虚箭线连接 E 与 H，箭头方向向下，如图 6-39（d）所示。

7) 将没有紧后工作的箭线合并，得到终点节点，并对图形进行调整，使其美观对称，检查无误后，对网络图进行编号，如图 6-39（e）所示。

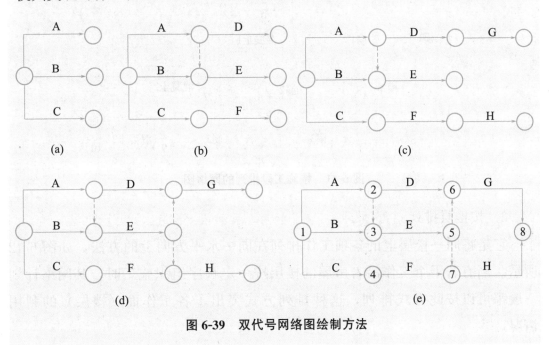

图 6-39　双代号网络图绘制方法

（5）施工进度网络计划的排列方法

为了使网络计划更确切地反映建筑工程施工特点，绘图时可根据不同的工程情况、施工组织而灵活排列，以简化层次，使各项工作之间的逻辑关系更清晰。建筑工程施工进度网络计划常采用下列几种排列方法：

1）按工种排列

它是将同一工种的各项工作排列在同一水平方向上的方法，能够突出不同工种的工作情况，如图 6-40 所示。

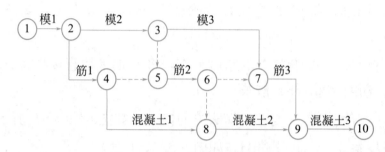

图 6-40　按工种排列的网络图

2）按施工段排列

它是将同一施工段的各项工作排列在同一水平方向上的方法。能够反映出建筑工程分段施工的特点，突出表示工作面的利用情况，如图 6-41 所示。

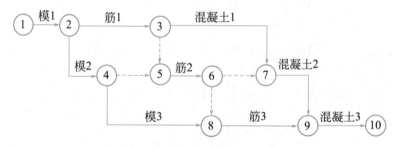

图 6-41　按施工段排列的网络图

3）按楼层排列

它是将同一楼层上的各项工作排列在同一水平方向上的方法，如图 6-42 所示。当有若干个工作沿着房屋的楼层按一定顺序组织施工时，其网络计划一般都可以按此方式排列，这种排列方式突出了各工作面（楼层）的利用情况。

4）混合排列

绘制一些简单的网络计划，可根据施工顺序和逻辑关系将各施工过程对称排列。其特点是图形美观、形象，如图 6-43 所示。

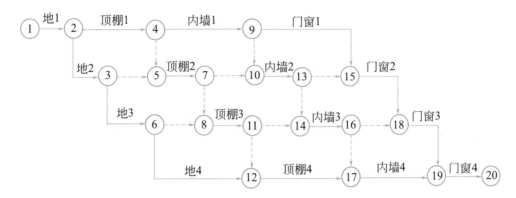

图 6-42　按楼层排列的网络图

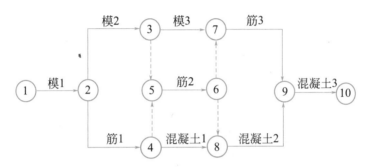

图 6-43　混合排列的网络图

6.2.3　双代号网络计划时间参数的计算

网络计划时间参数计算的目的：是确定关键工作、关键线路和计算工期的基础；确定非关键工作的机动时间；进行网络计划优化，实现对工程进度计划的科学管理。

双代号网络计划的时间参数计算方法常用的有两种：按工作计算法和按节点计算法。本节以"按工作计算法"为主要计算途径来计算时间参数。

6-14
双代号网络
计划的时间
参数计算：
工作计算法

所谓按工作计算法，就是以网络计划中的工作为对象，直接计算各项工作的时间参数。这些时间参数包括：工作最早开始时间和最早完成时间、工作最迟完成时间和最迟开始时间、工作总时差和自由时差。此外，还应计算网络计划的计算工期。

$$\begin{array}{|c|c|c|}\hline ES_{i\text{-}j} & EF_{i\text{-}j} & TF_{i\text{-}j} \\\hline LS_{i\text{-}j} & LF_{i\text{-}j} & FF_{i\text{-}j} \\\hline\end{array}$$

$$i \xrightarrow[\text{工作持续时间}D_{i\text{-}j}]{\text{工作名称}} j$$

图 6-44　工作计算法的标注形式

按工作计算法计算时间参数应符合下列规定：

（1）计算工作时间参数应在确定各项工作的持续时间之后进行，虚工作可视同工作进行计算，其持续时间应为零。

（2）工作时间参数的计算结果应分别标注，如图 6-44 所示。

1. 双代号网络计划的时间参数及符号

设有线路 $h \to i \to j \to k$，则按工作计算法有：

（1）工作持续时间 $D_{i\text{-}j}$

工作持续时间是指一项工作从开始到完成的时间。在双代号网络计划中，工作 $i\text{-}j$ 的持续时间用 $D_{i\text{-}j}$ 表示、其紧前工作 $h\text{-}i$ 的持续时间用 $D_{h\text{-}i}$ 表示、其紧后工作 $j\text{-}k$ 的持续时间用 $D_{j\text{-}k}$ 表示。

（2）工期

工期泛指完成一项任务所需要的时间。在网络计划中，工期一般有以下三种：

1）计算工期 T_c：根据网络计划时间参数计算所得到的工期。

2）要求工期 T_r：任务委托人所提出的指令性工期。

3）计划工期 T_p：指在要求工期和计算工期的基础上综合考虑需要和可能而确定的工期。

① 当已规定了 T_r 时，计划工期不应超过要求工期，即：

$$T_p \leqslant T_r \tag{6-13}$$

② 当未规定 T_r 时，可令计划工期等于计算工期，即：

$$T_p = T_c \tag{6-14}$$

（3）工作最早开始时间 $ES_{i\text{-}j}$ 和最早完成时间 $EF_{i\text{-}j}$

工作最早开始时间：指在紧前工作和有关时限约束下，工作有可能开始的最早时刻。

工作最早完成时间：指在紧前工作和有关时限约束下，工作有可能完成的最早时刻。

（4）工作最迟完成时间 $LF_{i\text{-}j}$ 和最迟开始时间 $LS_{i\text{-}j}$

工作最迟完成时间：指在不影响任务按期完成和有关时限约束下，工作必须完成的最迟时刻。

工作最迟开始时间：指在不影响任务按期完成和有关时限约束下，本工作必须开始的最迟时刻。

（5）工作的总时差 $TF_{i\text{-}j}$ 和自由时差 $FF_{i\text{-}j}$

工作的总时差：指在不影响工期和有关时限的前提下，一项工作可以利用的机动时间。

工作的自由时差：指在不影响其紧后工作最早开始和有关时限的前提下，一项工作可以利用的机动时间。

2. 网络计划时间参数的计算

为了简化计算，网络计划时间参数中的开始时间和完成时间都是以时间单位的终了时刻为标准。第 5 天完成，即指在第 5 天终了（下班）时刻完成；第 5 天开始，即指在第 5 天终了（下班）时刻开始，实际上是第 6 天上班时刻才开始。

下文以图 6-45 的双代号网络图为例，说明按工作计算法计算时间参数的过程。

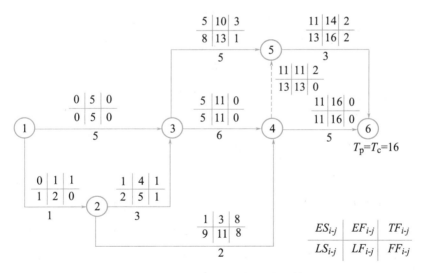

图 6-45　网络图时间参数的计算

（1）计算各工作最早开始时间 $ES_{i\text{-}j}$

工作最早开始时间的计算应从网络计划的起点节点开始，顺着箭线方向依次逐项进行。

1）以网络计划起点节点为开始节点的工作，当未规定其最早开始时间时，假定其最早开始时间为零。即：

$$ES_{i\text{-}j} = 0 \tag{6-15}$$

图 6-45 中，$ES_{1\text{-}2} = ES_{1\text{-}3} = 0$。

2）其他工作的最早开始时间 $ES_{i\text{-}j}$

① 当紧前工作 $h\text{-}i$ 只有一个时，应为其紧前工作的最早完成时间，即：

$$ES_{i\text{-}j} = ES_{h\text{-}i} + D_{h\text{-}i} \tag{6-16}$$

② 当紧前工作 $h\text{-}i$ 不只有一个时，应为其紧前工作的最早完成时间的最大值，即：

$$ES_{i\text{-}j} = \max\{EF_{h\text{-}i}\} = \max\{ES_{h\text{-}i} + D_{h\text{-}i}\} \tag{6-17}$$

图 6-45 中，各工作的最早开始时间计算如下：

$$ES_{2\text{-}3} = ES_{1\text{-}2} + D_{1\text{-}2} = 0 + 1 = 1$$

$$ES_{2\text{-}4} = ES_{2\text{-}3} = 1$$

$$ES_{3\text{-}4} = \max\begin{Bmatrix} ES_{1\text{-}3} + D_{1\text{-}3} = 0 + 5 = 5 \\ ES_{2\text{-}3} + D_{2\text{-}3} = 1 + 3 = 4 \end{Bmatrix} = 5$$

$$ES_{3\text{-}5} = ES_{3\text{-}4} = 5$$

$$ES_{4\text{-}5} = \max\begin{Bmatrix} ES_{2\text{-}4} + D_{2\text{-}4} = 1 + 2 = 3 \\ ES_{3\text{-}4} + D_{3\text{-}4} = 5 + 6 = 11 \end{Bmatrix} = 11$$

$$ES_{4\text{-}6} = ES_{4\text{-}5} = 11$$

$$ES_{5\text{-}6} = \max\begin{Bmatrix} ES_{3\text{-}5} + D_{3\text{-}5} = 5 + 5 = 10 \\ ES_{4\text{-}5} + D_{4\text{-}5} = 11 + 0 = 11 \end{Bmatrix} = 11$$

（2）计算各工作最早完成时间 $EF_{i\text{-}j}$

$$EF_{i\text{-}j} = ES_{i\text{-}j} + D_{i\text{-}j} \tag{6-18}$$

$EF_{1\text{-}2} = ES_{1\text{-}2} + D_{1\text{-}2} = 0 + 1 = 1$　　　$EF_{1\text{-}3} = ES_{1\text{-}3} + D_{1\text{-}3} = 0 + 5 = 5$

$EF_{2\text{-}3} = ES_{2\text{-}3} + D_{2\text{-}3} = 1 + 3 = 4$　　　$EF_{2\text{-}4} = ES_{2\text{-}4} + D_{2\text{-}4} = 1 + 2 = 3$

$EF_{3\text{-}4} = ES_{3\text{-}4} + D_{3\text{-}4} = 5 + 6 = 11$　　　$EF_{3\text{-}5} = ES_{3\text{-}5} + D_{3\text{-}5} = 5 + 5 = 10$

$EF_{4\text{-}5} = ES_{4\text{-}5} + D_{4\text{-}5} = 11 + 0 = 11$　　　$EF_{4\text{-}6} = ES_{4\text{-}6} + D_{4\text{-}6} = 11 + 5 = 16$

$$EF_{5\text{-}6} = ES_{5\text{-}6} + D_{5\text{-}6} = 11 + 3 = 14$$

（3）网络计划的计划工期 T_p

网络计划的计算工期 T_c 应等于以网络计划终点节点（$j = n$）为结束节点的工作 $i\text{-}n$ 的最早完成时间 $EF_{i\text{-}n}$ 的最大值，即：

$$T_c = \max\{EF_{i\text{-}n}\} \tag{6-19}$$

则图 6-45 中，计算工期 T_c 为：

$$T_c = \max \left\{ \begin{matrix} EF_{4\text{-}6} = 16 \\ ES_{5\text{-}6} = 14 \end{matrix} \right\} = 16$$

由于图 6-45 中未规定要求工期，则 $T_p = T_c = 16$。

（4）计算各工作最迟完成时间 $LF_{i\text{-}j}$

工作最迟完成时间的计算：应从网络计划终点节点开始，逆着箭线的方向依次逐项进行。

1）以网络计划终点节点（$j=n$）为结束节点的工作 $i\text{-}n$，其最迟完成时间 $LF_{i\text{-}n}$ 为网络计划的计划工期，即：

$$LF_{i\text{-}n} = T_p \tag{6-20}$$

2）其他工作的最迟完成时间 $LF_{i\text{-}j}$

① 当工作 $i\text{-}j$ 只有一项紧后工作 $j\text{-}k$ 时，该工作最迟完成时间应为其紧后工作的最迟开始时间，即：

$$LF_{i\text{-}j} = LS_{j\text{-}k} = LF_{j\text{-}k} - D_{j\text{-}k} \tag{6-21}$$

② 当工作 $i\text{-}j$ 不止一项紧后工作 $j\text{-}k$ 时，该工作的最迟完成时间应为其紧后工作的最迟开始时间的最小值，即：

$$LF_{i\text{-}j} = \min\{LF_{j\text{-}k} - D_{j\text{-}k}\} \tag{6-22}$$

$$LF_{4\text{-}6} = T_p = 16 \qquad LF_{5\text{-}6} = LF_{4\text{-}6} = 16$$

$$LF_{3\text{-}5} = LF_{5\text{-}6} - D_{5\text{-}6} = 16 - 3 = 13 \qquad LF_{4\text{-}5} = LF_{3\text{-}5} = 13$$

$$LF_{2\text{-}4} = \min \left\{ \begin{matrix} LF_{4\text{-}5} - D_{4\text{-}5} = 13 - 0 = 13 \\ LF_{4\text{-}6} - D_{4\text{-}6} = 16 - 5 = 11 \end{matrix} \right\} = 11$$

$$LF_{3\text{-}4} = LF_{2\text{-}4} = 11$$

$$LF_{1\text{-}3} = \min \left\{ \begin{matrix} LF_{3\text{-}4} - D_{3\text{-}4} = 11 - 6 = 5 \\ LF_{3\text{-}5} - D_{3\text{-}5} = 13 - 5 = 8 \end{matrix} \right\} = 5$$

$$LF_{2\text{-}3} = LF_{1\text{-}3} = 5$$

$$LF_{1\text{-}2} = \min \left\{ \begin{matrix} LF_{2\text{-}3} - D_{2\text{-}3} = 5 - 3 = 2 \\ LF_{2\text{-}4} - D_{2\text{-}4} = 11 - 2 = 9 \end{matrix} \right\} = 2$$

（5）计算各工作最迟开始时间 $LS_{i\text{-}j}$

$$LS_{i\text{-}j} = LF_{i\text{-}j} - D_{i\text{-}j} \tag{6-23}$$

$$LS_{4\text{-}6}=LF_{4\text{-}6}-D_{4\text{-}6}=16-5=11 \qquad LS_{5\text{-}6}=LF_{5\text{-}6}-D_{5\text{-}6}=16-3=13$$

$$LS_{3\text{-}5}=LF_{3\text{-}5}-D_{3\text{-}5}=13-5=8 \qquad LS_{4\text{-}5}=LF_{4\text{-}5}-D_{4\text{-}5}=13-0=13$$

$$LS_{2\text{-}4}=LF_{2\text{-}4}-D_{2\text{-}4}=11-2=9 \qquad LS_{3\text{-}4}=LF_{3\text{-}4}-D_{3\text{-}4}=11-6=5$$

$$LS_{1\text{-}3}=LF_{1\text{-}3}-D_{1\text{-}3}=5-5=0 \qquad LS_{2\text{-}3}=LF_{2\text{-}3}-D_{1\text{-}3}=5-3=2$$

$$LS_{1\text{-}2}=LF_{1\text{-}2}-D_{1\text{-}2}=2-1=1$$

（6）计算各工作的总时差 $TF_{i\text{-}j}$

工作的总时差等于本工作的最迟开始时间减本工作的最早开始时间。即：

$$TF_{i\text{-}j}=LS_{i\text{-}j}-ES_{i\text{-}j}$$

或 $\qquad\qquad\qquad\qquad TF_{i\text{-}j}=LF_{i\text{-}j}-EF_{i\text{-}j} \qquad\qquad\qquad\qquad (6\text{-}24)$

则图 6-45 的网络图中，各工作的总时差计算如下：

$$TF_{1\text{-}2}=LS_{1\text{-}2}-ES_{1\text{-}2}=1-0=1 \qquad TF_{1\text{-}3}=LS_{1\text{-}3}-ES_{1\text{-}3}=0-0=0$$

$$TF_{2\text{-}3}=LS_{2\text{-}3}-ES_{2\text{-}3}=2-1=1 \qquad TF_{2\text{-}4}=LS_{2\text{-}4}-ES_{2\text{-}4}=9-1=8$$

$$TF_{3\text{-}4}=LS_{3\text{-}4}-ES_{3\text{-}4}=5-5=0 \qquad TF_{3\text{-}5}=LS_{3\text{-}5}-ES_{3\text{-}5}=8-5=3$$

$$TF_{4\text{-}5}=LS_{4\text{-}5}-ES_{4\text{-}5}=13-11=2 \qquad TF_{4\text{-}6}=LS_{4\text{-}6}-ES_{4\text{-}6}=11-11=0$$

$$TF_{5\text{-}6}=LS_{5\text{-}6}-ES_{5\text{-}6}=13-11=2$$

（7）计算各工作的自由时差 $FF_{i\text{-}j}$

其计算如下：

1）当本工作 $i\text{-}j$ 有紧后工作 $j\text{-}k$ 时，该工作的自由时差等于紧后工作的最早开始时间减本工作最早完成时间，即：

$$FF_{i\text{-}j}=ES_{j\text{-}k}-EF_{i\text{-}j}$$
$$或\ FF_{i\text{-}j}=ES_{j\text{-}k}-ES_{i\text{-}j}-D_{i\text{-}j} \qquad\qquad (6\text{-}25)$$

2）当本工作无紧后工作时：以终点节点（$j=n$）为结束节点的工作，其自由时差应按网络计划的计划工期 T_{p} 确定，即：

$$FF_{i\text{-}n}=T_{\text{p}}-EF_{i\text{-}n}$$
$$或\ FF_{i\text{-}n}=T_{\text{p}}-ES_{i\text{-}n}-D_{i\text{-}n} \qquad\qquad (6\text{-}26)$$

则图 6-45 的网络图中，各工作的自由时差计算如下：

$$FF_{1\text{-}2}=ES_{2\text{-}3}-ES_{1\text{-}2}-D_{1\text{-}2}=1-0-1=0$$

$$FF_{1\text{-}3}=ES_{3\text{-}4}-ES_{1\text{-}3}-D_{1\text{-}3}=5-0-5=0$$

$$FF_{2\text{-}3}=ES_{3\text{-}4}-ES_{2\text{-}3}-D_{2\text{-}3}=5-1-3=1$$

$$FF_{2\text{-}4}=ES_{4\text{-}5}-ES_{2\text{-}4}-D_{2\text{-}4}=11-1-2=8$$

$$FF_{3\text{-}4} = ES_{4\text{-}5} - ES_{3\text{-}4} - D_{3\text{-}4} = 11 - 5 - 6 = 0$$

$$FF_{3\text{-}5} = ES_{5\text{-}6} - ES_{3\text{-}5} - D_{3\text{-}5} = 11 - 5 - 5 = 1$$

$$FF_{4\text{-}5} = ES_{5\text{-}6} - ES_{4\text{-}5} - D_{4\text{-}5} = 11 - 11 - 0 = 0$$

$$FF_{4\text{-}6} = T_{p} - ES_{4\text{-}6} - D_{4\text{-}6} \quad = 16 - 11 - 5 = 0$$

$$FF_{5\text{-}6} = T_{p} - ES_{5\text{-}6} - D_{5\text{-}6} \quad = 16 - 11 - 3 = 2$$

3. 关键线路的判定

关键工作：总时差最小的工作。当 $T_p = T_c$ 时，总时差等于零的工作为关键工作。

关键线路的判断方法：自始至终全部由关键工作组成的线路，或线路上总的工作持续时间最长的线路。

4. 时差的意义

（1）可以使非关键工作在时差允许范围内放慢施工进度，将部分人、财、物转移到关键工作上去，以加快关键工作的进程。

（2）在时差允许范围内改变工作开始和结束时间，以达到均衡施工的目的。

5. 总时差 $TF_{i\text{-}j}$ 与自由时差 $FF_{i\text{-}j}$ 的特征

（1）总时差的使用具有双重性，它既可以被该工作使用，但又属于某非关键线路所共有。例如，图 6-45 中，非关键线路 1-3-5-6 中，$TF_{3\text{-}5} = 3$ 天、$TF_{5\text{-}6} = 2$ 天，如果工作 3-5 使用了 3 天机动时间，则工作 5-6 就没有时差可利用；反之，若工作 3-5 使用了 2 天机动时间，则工作 5-6 还剩有 1 天时差可利用。

（2）自由时差为某非关键工作独立使用的机动时间，利用自由时差，不会影响其紧后工作的最早开始时间。例如，图 6-45 中，工作 3-5 有 1 天自由时差，如果只使用了 1 天机动时间，则也不影响紧后工作 5-6 的最早开始时间。

6.2.4　双代号时标网络计划

1. 双代号时标网络计划的概念

时标网络计划又称日历网络图，是综合应用横道图的时间坐标和双代号网络计划的原理，在横道图基础上引用网络计划中各工作之间逻辑关系的表达方法。如图 6-46 所示的双代号网络计划，若用双代号时标网络计划表示，则如图 6-47 所示。采用双代号时标网络计划，既解决了横道计划中各项工作逻辑关系不明确的问题，又解决了双代号网络计划时间不直观、不能明确看出各工作开始和完成的时间等问题。

双代号时标网络计划是以水平时间坐标为尺度绘制的网络计划。时标的时间单位应根据需要在编制网络计划之前确定好，一般可为天、周、旬、月或季等。

双代号时标网络计划具有以下特点：

（1）双代号时标网络计划中工作箭线的长度与工作持续时间长度一致。

（2）双代号时标网络计划可以直接显示各项工作的开始和完成时间、自由时差和关键线路。

（3）可以直接在时标网络图的下方统计劳动力等资源需要量，便于绘制劳动力等资源消耗动态曲线（图 6-47），以及分析和平衡调度。

（4）由于箭线的长度和位置受时间坐标的限制，因而调整和修改不大方便。

2. 双代号时标网络计划的绘制方法

双代号时标网络计划一般按工作的最早开始时间绘制。其绘制方法有间接绘制法和直接绘制法两种。

（1）间接绘制法

6-16
双代号时标
网络计划的
绘制：间接法

间接绘制法是先计算网络计划的时间参数，再根据时间参数在时间坐标上进行绘制的方法。

由于在计算过程中，不需要全部时间参数值，只需计算网络计划各工作的最早开始时间、计算工期和寻求关键线路，故在此介绍一种关键线路的直接寻求法。

关键线路的直接寻求法是图上标号法，即从网络计划起点节点开始，自左向右对每个节点用标号值和源节点进行标号，记入节点附近的括号内；标号值就是节点的最早时间（即以该节点为开始节点的工作的最早开始时间），源节点是求得该标号值的节点为源节点。

从网络计划终点节点开始，自右向左按源节点寻求出关键线路；网络计划终点节点的标号值即为网络计划的计算工期。标号值的确定方法是：设网络计划起点节点①的标号值为零，即 $b_1 = 0$；中间节点①的标号值 b_j 等于该节点的内向工作（即指向该节点的工作）的开始节点①的标号值 b_i 与该工作的持续

时间 $D_{i\text{-}j}$ 之和的最大值，即：

$$b_j = \max\{b_i + D_{i\text{-}j}\} \qquad\qquad (6\text{-}27)$$

　　求得最大值的节点 ⓘ 即为节点 ⓙ 的源节点，由源节点即可确定关键线路。

　　【例 6-14】 请计算图 6-46 中（注：箭线上面方框内数字为该工作的班组人数）各节点的标号值。

$$b_1 = 0$$

$$b_2 = b_1 + D_{1\text{-}2} = 0 + 4 = 4$$

$$b_3 = b_2 + D_{2\text{-}3} = 4 + 4 = 8$$

$$b_4 = b_2 + D_{2\text{-}4} = 4 + 3 = 7$$

$$b_5 = \max \begin{Bmatrix} b_3 + D_{3\text{-}5} = 8 + 0 = 8 \\ b_4 + D_{4\text{-}5} = 7 + 0 = 7 \end{Bmatrix} = 8$$

$$b_6 = b_5 + D_{5\text{-}6} = 8 + 3 = 11$$

$$b_7 = \max \begin{Bmatrix} b_3 + D_{3\text{-}7} = 8 + 4 = 12 \\ b_6 + D_{6\text{-}7} = 11 + 0 = 11 \end{Bmatrix} = 12$$

$$b_8 = \max \begin{Bmatrix} b_6 + D_{6\text{-}8} = 11 + 0 = 11 \\ b_4 + D_{4\text{-}8} = 7 + 2 = 9 \end{Bmatrix} = 11$$

$$b_9 = \max \begin{Bmatrix} b_7 + D_{7\text{-}9} = 12 + 3 = 15 \\ b_8 + D_{8\text{-}9} = 11 + 2 = 13 \end{Bmatrix} = 15$$

$$b_{10} = b_9 + D_{9\text{-}10} = 15 + 2 = 17$$

$$T_p = T_c = 17$$

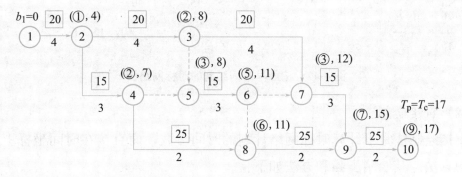

图 6-46　某工程施工网络计划

间接绘制法其按最早时间绘制的方法和步骤如下：

1）先绘制一般双代号网络图，计算时间参数（各节点的最早时间和工期），确定关键工作及关键线路。

2）根据需要确定时间单位并绘制时标横轴。时标可标注在日历网络图的顶部或底部，时标的长度单位必须注明。

3）根据各节点的最早时间确定各节点的位置（从起点节点开始将各节点逐个定位在时间坐标的纵轴上）。

4）依次在各节点间绘出箭线及自由时差。箭线画成水平线或由水平线和竖直线组成的折线，以直接表示其持续时间。绘制时宜先画关键工作、关键线路，再画非关键工作。如箭线长度不足以达到工作的结束节点时，用波形线补足，箭头画在波形线与节点连接处。虚工作必须以垂直方向的虚箭线表示，有自由时差（即虚箭线有水平投影长度）时，应用波形线表示。如图 6-47 所示。

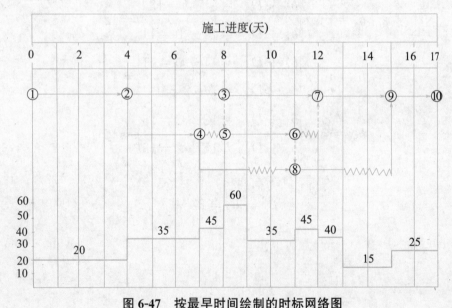

图 6-47 按最早时间绘制的时标网络图

（2）直接绘制法

直接绘制法是不计算时标网络计划的时间参数，而直接在时间坐标上进行绘制的方法。其绘制步骤和方法如下：

1）将起点节点定位在时标表的起始刻度线上。

2）按工作持续时间在时标计划表上绘制起点节点的外向箭线。

3）其他工作的开始节点必须在其所有紧前工作都绘出以后，定位在这些紧前工作最早完成时间最大值的时间刻度上，某些工作的箭线长度不足以到达该节点时，用波形线补足，箭头画在波形线与节点连接处。

4）用上述方法从左至右依次确定其他节点位置，直至网络计划终点节点定位，绘图完成。

3. 双代号时标网络计划关键线路及时间参数的确定

（1）关键线路的判定

双代号时标网络计划关键线路的判定方法：可自终点节点逆箭线方向朝起点节点逐次进行判定，自终点节点至起点节点都不出现波形线的线路即为关键线路。

（2）工期的确定

双代号时标网络计划的计算工期，应是其终点节点与起点节点所在位置的时标值之差。

（3）工作最早时间参数的判定

按最早时间绘制的时标网络计划，每条箭线的箭尾和箭头（或实箭线的端部）所对应的时标值即为该工作的最早开始时间和最早完成时间。

（4）时差的判定与计算

自由时差：时标网络图中，波形线的水平投影长度即为该工作的自由时差。

总时差：工作总时差不能从图上直接判定，需要分析计算。计算应逆着箭头的方向自右向左进行。计算公式为：

$$TF_{i\text{-}j} = \min\{TF_{j\text{-}k}\} + FF_{i\text{-}j} \tag{6-28}$$

6.2.5　网络计划应用实例

编制单位工程网络计划时，首先要熟悉图纸，对工程对象进行分析，摸清建设要求和现场施工条件，选择施工方案，确定合理的施工顺序和主要施工方法，根据各施工过程之间的逻辑关系，绘制网络图。在绘制网络图时应注意网络图的详略组合，应以"局部详细，整体粗略"的方式，突出重点或采用某一阶段详细、其他相同阶段粗略的方法来简化网络计划。其次，分析各施工过程在网络图中的地位，通过计算时间参数，确定关键施工过程、关键线路和各施工过程的机动时间。最后，统筹考虑、调整计划，制订出最优的计划方案。详细可见附图 1。

6.2.6 单代号网络计划简介

单代号网络图又称节点网络图。用一个节点表示一项工作（或一个施工过程），工作名称、工作代号、持续时间都标注在节点内，用实箭线表示工作之间的逻辑关系的网络图，如图 6-48 所示。用这种表示方法，把一项计划的所有施工过程按其逻辑关系从左至右绘制而成的网状图形，叫作单代号网络图，如图 6-49 所示。用单代号网络图表示的计划称为单代号网络计划。

单代号网络图也由节点、箭线和线路三个基本要素构成。

图 6-48 单代号网络图中节点的表示方法

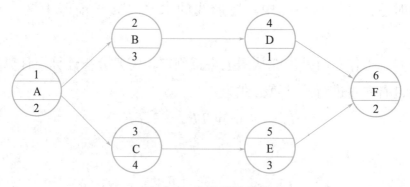

图 6-49 单代号网络图

1. 节点

在单代号网络图中，节点表示一个施工过程（或一项工作），其范围、内容与双代号网络图的箭线基本相同。节点宜用圆圈或矩形表示，其绘制格式如图 6-49 所示。当有两个以上施工过程同时开始或同时结束时，一般要虚拟一个"开始节点"或"结束节点"，以完善逻辑关系。节点编号同双代号网络图。

2. 箭线

单代号网络图中的每条箭线均表示相邻工作之间的逻辑关系；箭头所指方向为工作的前进方向；在单代号网络图中，箭线均为实箭线，没有虚箭线。箭线应保持自左向右的总方向，宜画成水平直线或斜箭线。

3. 线路

从起点节点到终点节点，沿着箭线方向顺序通过一系列箭线与节点的通路，称为线路，单代号网络图中也有关键线路、关键施工过程、非关键线路、非关键施工过程和时差等。

6.3   编制施工进度计划

单位工程施工进度计划是单位工程施工组织设计的重要内容，它是在既定施工方案的基础上，根据合同工期和各种资源供应条件，按照合理的施工工艺顺序及组织施工的基本原则，用图表的形式，把单位工程从工程开工到工程竣工的施工全过程，对各分部分项工程在时间和空间上做出的合理安排，是控制各分部分项工程施工进程及总工期的依据。

施工进度计划要保证拟建工程在规定的期限内完成，保证施工的连续性和均衡性，节约施工费用。编制施工进度计划需依据建筑工程施工的客观规律和施工条件，参考工期定额，综合考虑资金、材料、设备、劳动力等资源的投入。

6.3.1   施工进度计划的作用

单位工程施工进度计划的主要作用有：

1. 指导现场施工安排，确保在规定的工期内完成符合质量要求的工程任务。

2. 确定各主要分部分项工程名称及施工顺序和持续时间。

3. 确定各施工过程相互衔接和合理配合关系。

4. 确定为完成任务所必需的劳动工种和总的劳动量及各种机械、物资的需用量。

5. 为施工单位编制季度、月度、旬生产作业计划提供依据。

6. 为编制劳动力需用量的平衡调配计划、各种材料的组织与供应计划、施工机械供应和调度计划、施工准备工作计划等提供依据。

7. 为确定施工现场的临时设施数量和动力配备等提供依据。

6.3.2　施工进度计划的编制依据

编制单位工程施工进度计划主要依据下列资料：

1. 建筑场地及地区的水文、地质、气象和其他技术资料。

2. 经过审批及会审的建筑总平面图、单位工程施工图、工艺设计图、设备及其基础图、采用的标准图集及技术资料。

3. 合同规定的开竣工日期。

4. 施工组织总设计对本单位工程的有关规定。

5. 施工条件：劳动力、材料、构件及机械供应情况，分包单位情况等。

6. 主要分部分项工程的施工方案。

7. 劳动定额及机械台班定额。

8. 其他有关要求和资料。

6.3.3　编制施工进度计划的程序及一般步骤

单位工程施工进度计划的编制程序与步骤如图 6-50 所示。具体如下：

1. 划分施工过程

6-17
施工总进度
计划编制
步骤

编制施工进度计划时，首先应按照图纸和施工顺序，将拟建单位工程的各个施工过程列出，并结合施工方法、施工条件、劳动组织等因素，加以适当调整后确定。

2. 计算工程量

当确定了施工过程之后，应计算每个施工过程的工程量。工程量应该根据施工图纸、工程量计算规则以及相应的施工方法进行计算。如果施工图预算已经编制，一般可以采用施工图预算的数据，但有些项目应根据实际情况做适当调整。计算工程量时应注意以下几个问题：

（1）注意工程量的计量单位

每个施工过程工程量的计量单位应与现行施工定额的计量单位一致，这样在计算劳动量，如材料消耗量和机械台班量时，就可以直接套用定额，不需进行换算，以避免因换算产生错误。

（2）注意采用的施工方法

计算工程量时，应与采用的施工方法一致，以便计算的工程量与实际情况相符合。例如土方工程中，应明确挖土方是否放坡，放坡尺寸和坡度是多少？是否需增加开挖工作面？当上述因素不同时，土方开挖的工程量是不同的；还要明确开挖方式是单独开挖、条形开挖还是整片开挖，因不同的开挖方式工程量相差是很大的。

（3）正确取用预算文件中的工程量

如果在编制单位工程施工进度计划之前，施工单位已经编好了施工图预算或施工预算，则编制施工进度计划的工程量可以从上述预算文件中抄出和汇总。但应该注意的是，按照施工定额，施工进度计划中的某些施工过程的工程量的计算规则和计量单位，与预算定额的规定不同或有出入，实际编制进度计划时，应根据施工实际情况加以修改、调整或重新计算。

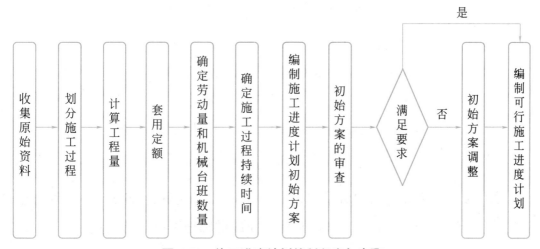

图 6-50　施工进度计划编制程序与步骤

3. 计算劳动量及机械台班量

根据所划分的施工过程、工程量和施工方法，即可套用施工定额计算出各施工过程的劳动量或机械台班量。

施工定额一般有两种形式：产量定额和时间定额。（1）产量定额是指在合理的技术组织条件下，某种技术等级的工人小组或个人在单位时间内所应完成的合格产品的数量，一般用符号 S_i 表示，它的单位有：$m^3/$工日、$m^2/$工日、$m/$工日、$t/$工日等；（2）时间定额是指某种专业、某种技术等级的工人小组或个人在合理的技术组织条件下，完成单位产品所必需的工作时间，一般用符号 H_i 表示，它的单位有：工日$/m^3$、工日$/m^2$、工日$/m$、工日$/t$等。

时间定额与产量定额是互为倒数的关系，即：

$$H_i = \frac{1}{S_i} \text{ 或 } S_i = \frac{1}{H_i} \tag{6-29}$$

在套用定额时，必须注意结合本单位工人技术等级、实际操作水平、施工机械情况和施工现场条件等因素，确定定额的实际水平，使计算出来的劳动量、机械台班量符合实际。

（1）劳动量的确定

1）劳动量也称劳动工日数。凡是以手工操作为主的施工过程，其劳动量均可按下式计算：

$$P_i = \frac{Q_i}{S_i} = Q_i \times H_i \tag{6-30}$$

式中　P_i——某施工过程所需劳动量，工日；

　　　Q_i——某施工过程的工程量，m^3、m^2、m、t 等；

　　　S_i——某施工过程采用的产量定额，$m^3/$工日、$m^2/$工日、$m/$工日、$t/$工日等；

　　　H_i——某施工过程采用的时间定额，工日$/m^3$、工日$/m^2$、工日$/m$、工日$/t$ 等。

【例 6-15】某混合结构房屋砖外墙砌筑，其工程量为 $855m^3$，查劳动定额得产量定额为 $1.204m^3/$工日，试计算完成砌墙任务所需劳动量。

【解】　　　$P_i = \dfrac{Q_i}{S_i} = \dfrac{855}{1.204} = 710.133$（工日）

取 710 个工日。

2）当某一施工过程是由两个或两个以上的不同分项工程合并而成时，其劳动量应该为所有的分项工程单独计算的劳动量之和，即：

$$P_{总} = \sum_{i=1}^{n} P_i = P_1 + P_2 + \cdots + P_n \qquad (6\text{-}31)$$

【例 6-16】某钢筋混凝土基础工程，其分项工程为支设模板、绑扎钢筋和浇筑混凝土，工程量分别为 719.6m²、6.284t、287.3m³，查得其时间定额分别为：0.253 工日/m²、5.28 工日/t、0.833 工日/m³，编制施工进度计划时根据需要把它们合并为一个施工过程，试计算完成该钢筋混凝土基础施工所需总劳动量。

【解】　$P_{模} = 719.6 \times 0.253 = 182.06$（工日）

$P_{筋} = 6.284 \times 5.28 = 33.18$（工日）

$P_{混凝土} = 287.3 \times 0.833 = 239.32$（工日）

$P_{总} = P_{模} + P_{筋} + P_{混凝土} = 182.06 + 33.18 + 239.32 = 454.56$（工日）

取 455 工日。

3）当某一施工过程是由同一工种，但做法不同、材料不同的若干个分项工程合并而成时，应按式（6-32）计算其综合产量定额，然后根据综合定额计算其劳动量。

$$\overline{S} = \frac{\sum_{i=1}^{n} Q_i}{\sum_{i=1}^{n} P_i} = \frac{Q_1 + Q_2 + \cdots + Q_n}{P_1 + P_2 + \cdots + P_n} = \frac{Q_1 + Q_2 + \cdots + Q_n}{\dfrac{Q_1}{S_1} + \dfrac{Q_2}{S_2} + \cdots + \dfrac{Q_n}{S_n}} \qquad (6\text{-}32)$$

$$\overline{H} = \frac{1}{\overline{S}} \qquad (6\text{-}33)$$

式中　　　　　$\overline{S}$——某施工过程的综合产量定额，m³/工日、m²/工日、m/工日、t/工日等；

$\overline{H}$——某施工过程的综合时间定额，工日/m³、工日/m²、工日/m、工日/t 等；

$\sum_{i=1}^{n} Q_i$——总工程量，m³、m²、m、t 等；

$\sum_{i=1}^{n} P_i$——总劳动量，工日；

Q_1、Q_2、$\cdots$、Q_n——同一施工过程的各分项工程工程量;

S_1、S_2、$\cdots$、S_n——与 Q_1、Q_2、$\cdots$、Q_n 相对应的产量定额。

【例 6-17】某工程的外墙装饰,有外墙涂料、真石漆、面砖三种做法,其工程量分别是 850.5m^2、500.3m^2、320.3m^2;采用的产量定额分别是 $7.56\text{m}^2/\text{工日}$、$4.35\text{m}^2/\text{工日}$、$4.05\text{m}^2/\text{工日}$。计算它们的综合产量定额及外墙面装饰所需的劳动量。

【解】 综合产量定额 $=\dfrac{850.5+500.3+320.3}{\dfrac{850.5}{7.56}+\dfrac{500.3}{4.35}+\dfrac{320.3}{4.05}}=5.45$（$\text{m}^2/\text{工日}$）

所需劳动量 $P_{\text{外墙装饰}}=\dfrac{\sum\limits_{i=1}^{n}Q_i}{\overline{S}}=\dfrac{850.5+500.3+320.3}{5.45}=306.6$（工日）

取 $P_{\text{外墙装饰}}=307$ 工日。

（2）机械台班量的计算

凡是采用机械为主的施工过程,可按式（6-34）计算所需的机械台班数:

$$P_{\text{机械}}=\frac{Q_{\text{机械}}}{S_{\text{机械}}}=Q_{\text{机械}}\times H_{\text{机械}} \tag{6-34}$$

式中　$P_{\text{机械}}$——某施工过程需要的机械台班数,台数;

$\qquad Q_{\text{机械}}$——某施工过程由机械完成的工程量,m^3、t、件等;

$\qquad S_{\text{机械}}$——机械的产量定额,$\text{m}^3/\text{台班}$、$\text{t}/\text{台班}$等;

$\qquad H_{\text{机械}}$——机械的时间定额,台班$/\text{m}^3$、台班$/\text{t}$ 等。

【例 6-18】某建筑物的土方工程,采用 W-100 型反铲挖土机挖土,经计算共需挖土方 1652m^3,机械台班产量为 120 台班$/\text{m}^3$,求挖土机所需台班数。

【解】挖土机所需台班数 $\quad P_{\text{机械}}=\dfrac{Q_{\text{机械}}}{S_{\text{机械}}}=\dfrac{1652}{120}=13.7$（台班）

实际应取 14 个台班。

在劳动量计算时,对有些采用新材料、新技术、新工艺或特殊施工方法的施工过程,定额中可能尚未编入,这时可参考类似施工过程的定额、经验资料，按实际情况确定。

"其他工程"项目所需的劳动量，可根据其内容和工地具体情况，以总劳动量的百分比计算，一般取 10%～20%。

4. 计算确定各施工过程的持续时间

确定施工过程持续时间的方法一般有三种：一是根据配备的人数和机械台数计算施工过程持续时间；二是根据经验估算持续时间；三是根据要求工期倒排施工进度。

（1）根据配备的人数和机械台数计算施工过程的持续时间

该方法是首先确定配置在该施工过程的施工人数、机械台数和工作班制，然后根据式 6-35 和式 6-36 计算工作的持续天数，其计算公式为：

$$D = \frac{P}{N \times R} \tag{6-35}$$

$$D_{机械} = \frac{P_{机械}}{N_{机械} \times R_{机械}} \tag{6-36}$$

式中　D——某手工操作为主的施工过程的持续时间，天；

　　　P——该施工过程所需的劳动量，工日；

　　　R——该施工过程所配置的施工班组人数，人；

　　　N——每天采用的工作班数，班；

　　$D_{机械}$——某机械施工为主的施工过程的持续时间，天；

　　$P_{机械}$——该施工过程所需的机械台班数，台班；

　　$R_{机械}$——该施工过程所配置的机械台数，台；

　　$N_{机械}$——每天采用的工作班数，班。

在安排每班配备的人数和机械台数时，应该满足每个技工和每台机械应有的最小工作面的要求，以便充分发挥生产能力，保证施工安全。同时还应该满足最小劳动组合的要求。

当工期允许、劳动力和机械周转不紧迫、施工工艺无持续要求时，通常采用一班制施工，在建筑施工中往往采用 10 小时，即 1.25 班制。当工期较紧或为了提高施工机械的使用率及加快机械的周转使用，或工艺上要求连续施工（如混凝土浇筑）时，某些施工过程可考虑二班制或三班制施工，但需增加有关设施及费用，所以必须慎重研究确定。

【例6-19】某基础工程的垫层混凝土浇筑所需劳动量为294个工日，每天采用三班制，每班采用25人施工，求完成该混凝土垫层的施工持续天数。

【解】　$D = \dfrac{P}{N \times R} = \dfrac{294}{3 \times 25} = 3.92$（天）

实际取4天。

（2）根据经验估算持续时间

对于某些采用新结构、新技术、新材料、新工艺施工的施工过程，当无定额可以使用时可以根据经验估算施工过程的持续时间，也称"三时估算法"。即先估计出完成该施工过程需要的可能最短时间（最乐观时间）、可能需要的最长时间（最悲观时间）及最可能的完成时间，然后根据式6-37计算该施工过程的持续时间。

$$D = \frac{A + 4B + C}{6} \tag{6-37}$$

式中　A——最乐观的施工持续时间；

　　　B——最可能的施工持续时间；

　　　C——最悲观的施工持续时间。

（3）根据要求工期倒排施工进度

该方法是根据总工期和施工经验，首先确定各施工过程的持续时间，然后再按劳动量和工作班次，确定每个施工过程所需要的班组人数和机械台数，其计算公式见式6-38和式6-39。

$$R = \frac{P}{N \times D} \tag{6-38}$$

$$R_{机械} = \frac{P_{机械}}{N_{机械} \times D_{机械}} \tag{6-39}$$

通常计算时首先按一班制考虑，若算得的工人数或机械台数超过施工单位能提供的数量，或超过工作面能容纳的数量时，可增加工作班次或采取其他措施（如组织平行立体交叉流水施工），使每班投入的人数或机械台数减少到可能更合理的范围内。

【例 6-20】 某五层砖混结构宿舍楼砌筑工程，根据工程量和劳动定额计算，共需 1588 个工日，采用一班制施工，要求砌筑工程的总持续时间为 50 天，要求计算每天施工班组人数。

【解】　$R = \dfrac{P}{N \times D} = \dfrac{1588}{1 \times 50} = 31.76$（人）

取整数，砌砖班组人数为 32 人。具体安排如下：砌筑工为 14 人、普工 18 人，其比例为 1 : 1.29。实际是否有这么多劳动力，工作面是否满足等需要经过分析研究以后才能确定。复核劳动工日数：实际安排的劳动工日为 32×50＝1600 个工日，比定额计划工日数增加了 12 个，相差不大。

5. 编制施工进度计划的初始方案

编制施工进度计划的初始方案时，必须考虑各分部分项工程的合理施工顺序，尽可能组织流水施工，力求主要工种的工作能连续、均衡。一般编制方法为：

（1）确定主要分部工程并组织其流水

确定主要的分部工程，组织其中的分项工程流水施工，使主导的分项工程能够连续施工，其他穿插和次要的分项工程尽可能与主要施工过程相配合穿插、搭接或平行施工。

（2）安排其他施工过程，并组织其流水施工

其他分部工程的施工应与主要分部工程相配合，并用与主要分部工程相类似的方法，尽可能组织其内部的分项工程进行流水施工。

（3）按各分部工程的施工顺序编制初始进度方案

各分部工程之间按照施工工艺顺序或施工组织的要求，将相邻分部工程的相邻分项工程，按流水施工要求或配合关系搭接起来，组成单位工程的初始网络计划。

（4）各工种工作及与机械的配合、材料需求等安排尽量保持均衡

编制施工进度计划，不仅应使其各种专业工人人数和施工机械尽量保持平衡，且应力求避免建筑材料、半成品等资源的需要量出现不均衡的现象。另外在开始施工时工人逐渐增加，将近完工时工人逐渐减少，在施工过程中，短时间内不允许显著地增加或减少工人人数。

6. 检查与调整施工进度计划

施工进度计划初步方案编制后，应根据建设单位、监理单位等有关部门的要求、合同规定及施工条件等，先检查各施工过程之间的施工顺序及平行、搭接和技术间歇是否合理；主要工种工人的工作是否连续；工期是否满足要求；劳动力等资源消耗是否均衡等。

经过检查，对不符合要求的部分应进行调整，调整的方法有：增加或缩短某些施工过程的持续时间；在施工顺序允许的条件下，将某些施工过程的施工开始时间前后移动；必要时还可以改变施工方法或施工组织措施。经过调整直至满足要求，形成正式施工进度计划。

编制施工进度计划的步骤不是孤立的，而是相互依赖、相互联系的。建筑工程施工是一个复杂的生产过程，受到周围客观条件影响的因素很多，因此在编制施工进度计划时，应尽可能地分析施工条件，对可能出现的困难要有预见性，使计划既符合客观实际，又留有适当余地，以免计划安排不合理而使实际难以执行。总的要求是：在合理的工期下尽可能地使施工过程连续施工，这样便于资源的合理安排。

单元小结

1. 施工进度计划一般有两种表达方式，即横道图和网络图。在实际工程中，用横道图表达进度计划，就需要有相应的参数，而这些参数是通过对工程施工的组织获得的。组织施工的方式有依次施工、平行施工和流水施工。

2. 组织流水施工需要划分施工过程、划分施工段、每个施工过程组织独立的施工班组、并且主导施工过程连续、均衡，相邻施工过程之间尽可能最大限度地平行搭接。

3. 流水施工主要参数包括工艺参数、时间参数和空间参数。流水施工组织根据流水节拍的特征不同，可分为全等节拍流水、不等节拍流水、成倍节拍流水和无节奏流水。

4. 用网络图表达施工进度计划有双代号网络图、单代号网络图和时标网络图。双代号网络图由箭线、节点和线路三个基本要素构成。网络图的逻辑关系包括工艺关系和组织关系。

5. 双代号网络计划时间参数的计算（按工作计算法）包括工作最早开始时间和最早完成时间、工作最迟完成时间和最迟开始时间、工作总时差和自由时差。此外，还应计算网络计划的计算工期。在双代号网络图中，自始至终全部由关键工作组成的线路，或线路上总的工作持续时间最长的线路为关键线路。

6. 双代号时标网络计划绘制方法有间接绘制法和直接绘制法。双代号时标网络计划中，自终点节点至起点节点都不出现波形线的线路即为关键线路。

7. 编制施工进度计划的步骤可分为：划分施工过程、计算工程量、计算劳动量及机械台班量、计算确定各施工过程的持续时间、编制施工进度计划的初始方案、检查与调整施工进度计划，形成最终进度计划。

实训练习题 🔍

一、填空题

1. 组织施工的三种方式分别是_____、_____、_____。

2. 组织流水施工的条件是_____、_____、_____、_____和_____。

3. 流水施工的主要参数有_____、_____和_____。

4. _____是单位工程施工组织设计的重要内容，是控制各分部分项工程施工进程及总工期的_____。

5. 网络图按箭线所代表的含义不同，可分为_____和_____；

6. 网络图中工作的逻辑关系包括_____和_____。

7. 时标网络图箭线的长度与_____相一致。

8. 双代号网络图由_____、_____和_____三个基本要素构成。

二、单项选择题

1. 流水节拍是指一个专业队（　　）。

A. 完成整个工作的持续时间　　　　　B. 转入下一施工段的间隔时间

C. 最短的持续时间   D. 在一个施工段上的持续时间

2. 流水步距是指相邻两个专业队先后投入（   ）。

A. 下一个施工段最短间隔时间   B. 下一个施工段的间隔时间

C. 同一施工段上施工的间隔时间   D. 下一个施工段最长间隔时间

3. 当组织楼层结构的流水施工时，为保证各施工班组均能连续施工，每一层划分的施工段数 M_0 与施工过程数 N 之间，应满足以下关系（   ）。

A. $M_0 = N$ B. $M_0 < N$

C. $M_0 \geqslant N$ D. M_0 与 N 无关系

4. 在组织流水施工时，各施工过程可以安排的班组人数的最大值主要由（   ）决定。

A. 劳动量   B. 施工地点

C. 工作面   D. 工作时间

5. 双代号网络图中，（   ）表示一项工作或一个施工过程。

A. 一根箭线   B. 一个节点

C. 一条线路   D. 关键线路

6. 双代号网络图中，虚箭线（   ）。

A. 只消耗时间，不消耗资源   B. 不消耗时间，只消耗资源

C. 既消耗时间，也消耗资源   D. 仅表示工作之间的逻辑关系

7. 一个网络图中只允许有（   ）起点节点和（   ）终点节点。

A. 多，多   B. 多，1   C. 1，1   D. 1，多

8. 在双代号网络图中，（   ）最小的工作为关键工作。

A. 持续时间   B. 自由时差

C. 总时差   D. 时间间隔

9. 某项工作是由三个性质相同的分项工程合并而成的，各分项工程的工程量和时间定额分别是：$Q_1 = 3300 \text{m}^3$、$Q_2 = 3400 \text{m}^3$、$Q_3 = 2700 \text{m}^3$；$H_1 = 0.15$ 工日$/\text{m}^3$、$H_2 = 0.20$ 工日$/\text{m}^3$、$H_3 = 0.40$ 工日$/\text{m}^3$。则该工作的综合时间定额是（   ）工日$/\text{m}^3$。

A. 0.29   B. 0.28   C. 0.25   D. 0.24

10. 某项工作是由三个同类性质的分项工程合并而成的，各分项工程的工程量 Q_i 和产量定额 S_i 分别是：$Q_1 = 240 \text{m}^3$，$S_1 = 30 \text{m}^3/$工日；$Q_2 = 360 \text{m}^3$，

$S_2=60\mathrm{m}^3/$工日；$Q_3=480\mathrm{m}^3$，$S_3=80\mathrm{m}^3/$工日。其综合时间定额为（　　）工日/m^3。

A. 0.013　　　　B. 0.015　　　　C. 0.019　　　　D. 0.020

11. 施工进度计划在编制时，工程量计算应注意很多事项，其中不包括（　　）。

A. 划分的施工段数

B. 工程量的计量单位

C. 采用的施工方法

D. 正确取用计价文件中的工程量

12. 下列哪一种方法不是确定施工过程持续时间的方法？（　　）。

A. 经验估算法

B. 定额计算法

C. 倒排计划法

D. 目标计算法

13. 施工方编制施工进度计划的依据之一是（　　）。

A. 施工劳动力需求计划

B. 施工物资需要计划

C. 施工任务委托合同

D. 项目监理规划

14. 双代号网络图中节点的编号，箭尾号码与箭头号码应满足（　　）。

A. 箭尾编号大于箭头编号

B. 箭尾编号小于箭头编号

C. 箭尾编号等于箭头编号

D. 没有规定

三、多项选择题

1. 施工进度计划初步方案编制后，应该根据建设单位、监理单位等有关部门的要求、合同规定及施工条件等，进行检查，其检查内容有（　　）。

A. 各施工过程之间的施工顺序及平行、搭接和技术间歇是否合理

B. 主要工种工人的工作是否连续

C. 工期是否满足要求

D. 劳动力等资源消耗等是否均衡

2. 施工进度计划初步方案经过检查后，对不符合要求的部分应进行调整，调整的方法有（　　）。

A. 增加或缩短某些施工过程的持续时间

B. 适当增加资源投入，调整作业时间，组织多班作业

C. 改变施工方法或施工组织措施

D. 在施工顺序允许的条件下，将某些施工过程的施工开始时间前后移动

3. 流水施工的基本参数包括（　　）。

A. 工艺参数   B. 空间参数

C. 时间参数   D. 质量参数

4. 组织建筑工程流水施工，应该具备的必要条件有（   ）。

A. 分解施工过程   B. 保障资源供应

C. 施工过程组织独立的班组   D. 划分施工段

E. 明确施工工期

四、案例分析题

1. 【背景资料】施工某混凝土路面的道路工程 200m，每 50m 为一施工段。路面宽 15m，要求先挖去表层土 0.2m 并压实一遍；再用砂石三合土回填 0.3m 并压实两遍；上面做混凝土路面 0.15m。设挖土、回填、混凝土三个施工项目的产量定额分别为 $5m^3$/工日，$3m^3$/工日，$0.7m^3$/工日；流水节拍分别为 $t_{挖}=2$ 天、$t_{填}=4$ 天、$t_{混}=6$ 天，要求完成下列内容：

（1）本工程施工划分为多少施工段？每段每过程的工程量是多少？

（2）完成每段每过程需要的班组人数是多少？

（3）组织流水施工。

2. 据表中流水施工参数完成下列内容：

流水施工参数表   表 6-7

n \ t_i m	1	2	3	4	R
A	3	3	3	3	25
B	5	5	5	5	20
C	2	2	2	2	16
D	4	4	4	4	20

（1）据表 6-7 中数据组织流水施工。

（2）若 R_C 由 16 人减为 8 人，则 t_C 为多少？根据新的 t_C 值，重新确定工期及绘制施工进度表。

（3）若 $t_B=4$ 天，则 R_B 为多少？结合问题（2）的 t_C 值，重新绘制进度表。

（4）比较问题（1~3）所进行的调整，从流水施工的原理出发，谈谈你的体会和看法。

3. 指出图 6-51 中各网络图的错误。

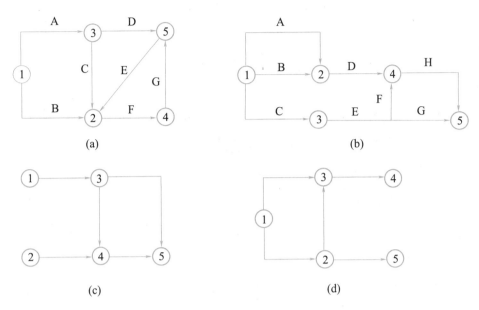

图 6-51

4. 据表 6-8 中的逻辑关系，绘制双代号网络图。

各工作的逻辑关系　　　　　　　　　　　表 6-8

工作名称	A	B	C	D	E	F	G	H	I
紧前工作	—	A	A	B	B	C	DEF	D	HG
紧后工作	BC	DE	F	HG	G	G	I	I	—
持续时间	1	3	2	3	5	3	3	2	6

5. 据图 6-52 所示的双代号网络图进行各时间参数计算，并标注关键线路。

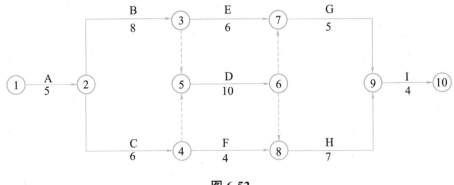

图 6-52

6.【背景资料】某学院图书信息楼工程，占地面积22101m²，由主楼和裙楼组成，总建筑面积30255m²（其中主楼地上12层，地下2层，建筑面积16543m²；裙楼4层、建筑面积15788m²），建筑总高度52.2m。建设区域原始地形为丘陵山坡地，西北高、东南低，施工场地东边紧临人工湖。施工现场场地呈42.00m、45.00m和49.60m三个标高。

本工程由某勘测设计研究院承担工程地质勘察，某建筑设计院承担施工图设计，某监理公司承担工程监理，某工程有限公司总承包施工。

承包方式：包工包料。

建设地点气象状况：

（1）温度：极端最高温度44.6℃；极端最低温度－16.3℃；年平均气温14.5℃。

（2）湿度：最热月平均相对湿度83%；最冷月平均相对湿度66%。

（3）降水量：年平均降水量985.6mm；日最大降水量123.3mm。

（4）风向及风速：夏季主导风向S、ES；冬季主导风向EN；平均风速1.7m/s（冬季）～2.2m/s（夏季）。

（5）其他：基本风荷载0.35kN/m²；基本雪荷载0.35kN/m²；地震基本烈度6度。

现场施工条件：

（1）施工场地狭小、竖向高差大，场内交通组织困难。

（2）临湖施工难度大，需修建临湖钢筋混凝土挡土墙，施工前期需抢建临湖挡土墙并及时回填，以形成场内环形施工道路。

（3）校区外与国道相接，校区内能提供2条施工进场道路，校方要求限时使用；东侧进场道路高出±0.000标高达3.9m，且因一座石砌拱桥需限载使用（汽车15t、拖车40t）。

（4）裙楼单层面积大，不同半径的圆柱、曲梁多，技术要求高，周转材料投入量大，需分段流水施工。

（5）本工程位于校区中心地带，业主对现场封闭、安全文明施工和环境卫生、施工噪声控制要求高。

【问题】

（1）在上述工程中，施工进度计划起什么作用？

（2）编制某学院图书信息楼工程施工进度计划主要依据哪些资料？

（3）简述编制某学院图书信息楼建安工程施工进度计划的程序。

6-18
教学单元6
参考答案

教学单元7
编制施工准备与资源配置计划

Chapter 07

教学目标

1. 知识目标

掌握施工准备工作的主要内容和编制步骤，掌握材料、劳动力、机械等资源配置计划的编制步骤。

2. 能力目标

能够结合工程实际情况编制施工准备工作计划，能够依据施工进度计划编制材料、劳动力、机械等资源的配置计划。

3. 思政目标

通过编制施工准备工作计划和资源配置计划，学生可以更好地理解与认识工作的计划性与条理性的意义，可以更好地明确工作方向，提高工作效率，减少浪费和盲目性。

思维导图

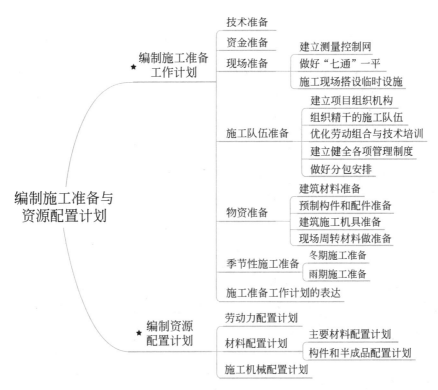

引文

在单位工程施工进度计划确定之后，即可编制施工准备工作计划和各项资源的配置计划。这些计划是施工组织设计的重要组成部分，是施工单位安排施工准备及资源供应的主要依据。

7.1　编制施工准备工作计划

施工准备工作是工程的开工条件，也是施工中的一项重要内容。主要反映开工前和施工过程中必须要做的有关准备工作。其主要内容包括：技术准备、资金准备、现场准备及其他准备工作。

7-1
施工准备
工作的内容

7.1.1　技术准备

技术准备是现场准备工作的基础，是施工准备工作的核心。包括施工所需技术资料的准备、施工方案编制计划、试验检验及设备调试工作计划、样板制作计划等。

技术资料的准备主要是熟悉审查图纸、编制施工图预算及施工预算、编制中标后施工组织设计等内业准备工作。

主要分部（分项）工程和专项工程在施工前应单独编制施工方案，施工方案可根据工程进展情况，分阶段编制完成；对需要编制的主要施工方案应制定编制计划。

7-2
技术资料
准备工作

试验检验及设备调试工作计划应根据现行规范、标准中的有关要求及工程规模、进度等实际情况制定。

样板制作计划要根据施工合同或招标文件的要求并结合工程特点制定。

7.1.2　资金准备

资金准备应根据施工进度计划编制资金使用计划。资金准备应根据选定的施工方案、施工进度计划及当地劳动力、物资市场价格进行编制，编制资金准备计划时应还应考虑到未来市场的预期。

7.1.3　现场准备

现场准备应根据现场施工条件和工程实际需要，准备现场生产、生活等临时设施。其主要内容包括：

1. 建立测量控制网

（1）施工时根据建设单位提供的由规划部门给定的永久性坐标和高程，按建筑总图上的要求，进行现场控制网点的测量，妥善设立现场永久性标准，为施工全过程的投测创造条件。

（2）在测量放线时，校验经纬仪、水准仪、钢尺等测量仪器；校核轴线桩与水准点，制定切实可行的测量方案，包括平面控制、标高控制、沉降观测和竣工测量等工作。

（3）建筑物定位放线，一般通过设计图中平面控制轴线来确定建筑物位置，测定并经自检合格后提交有关部门和建设单位或监理人员验线，以保证定位的准确性。沿红线的建筑物放线后，还要由城市规划部门验线以防止建筑物压红线或超红线，为正常顺利施工创造条件。

2. 做好"七通一平"

在施工现场范围内，修通道路、接通施工用电、接通通信及网络、接通施工给水排水、接通热力及施工用燃气，进行施工场地平整。

（1）平整施工场地

按建筑总平面图确定的标高进行。通过测量，计算出挖土与填土的数量，设计土方调配方案，挖土与填土尽可能做到平衡。

（2）修通道路

由于大量的材料、机具、构件等均要运入工地，施工现场的道路对单位工程施工的顺利进行起着至关重要的作用。场内主要干道要与现场外的国家公路或地方主要公路及各材料仓库、构件堆场接通，尽量减少二次搬运。施工现场所需要的临时道路，尽可能利用建设单位拟建的永久线路，可以先做路基，施工完毕后再做路面。

（3）水通与电通

1）水通包括施工中生产、生活、消防用水的供给及地面积水的排除两个方面。给水管网及排水系统的布置应按施工组织总设计确定，管网的铺设，既要使用方便，也要尽量缩短管线。整个现场的排水也十分重要，特别是我国南方地区，降雨量大、雨季长，施工现场积水会影响施工生产的顺利进行。

2）电通包括施工用电和生活用电两个方面。电源首先考虑从建设单位已有的供电网路上获得。

3. 施工现场搭设临时设施

搭设临时设施包括：仓库、加工厂作业棚、宿舍、办公用房、食堂、文化生活设施等。

施工现场临时设施的搭设包括生产性临时设施和生活性临时设施，应按施工平面布置图的要求进行，临时建筑平面图及主要房屋结构图都应报请城市规划、市政、消防、交通、环境保护等有关部门审查批准。各种施工、生产、生活需用的建筑物等临时设施，如水泥库、办公室、各工种工具房、居住工棚、木工棚、钢筋工作棚、食堂、厨房、浴厕、文化福利用房、行政管理用房等，应按施工组织设计规定的数量、标准、面积、位置等要求组织修建。为了安全及文明施工，应用围墙将施工用地围护起来，围墙的形式、材料和高度应符合市容管理的有关规定和要求，并在主要出入口设置标牌挂图，标明工程项目名称、施工单位、项目负责人等。各种施工机具设备（包括垂直运输机械）需按施工组织要求在开工前运到指定地点就位、安设，接通电源，试车正常待用。

大中型建设工程规模大、工期长、涉及面宽、协作单位多，一般应组织建立施工指挥部，由建设、设计、施工等单位参加，组成具有权威性的指挥机构协调各方面关系，解决单位工程施工过程中的问题，以保证工程施工的顺利进行。

7.1.4 施工队伍准备

施工队伍包括：施工管理层和作业层。在单位工程施工中所需要的各种专业班组及人数，及早落实、统一调度、统一使用。

1. 建立项目组织机构

就是建立项目经理部，项目经理部的组织形式应根据施工项目的规模、结构复杂程度、专业特点、人员素质和地域范围确定。

2. 组织精干的施工队伍

要认真考虑专业工程的配合，技工和普工的比例满足合理的劳动组织要求；集结施工力量，组织劳动力进场。

3. 优化劳动组合与技术培训

针对工程施工难点，组织工程技术人员和工人队组中的骨干力量，进行类似工程的考察学习。做好专业工程技术培训，提高对新工艺、新材料使用操作的适应能力。强化质量意识、抓好质量教育、增强质量观念。工人队组实行优化组合并最大限度地调动其积极性。认真全面地进行施工组织设计的落实和技术交底工作。切实抓好施工安全，安全防火和文明施工等方面的教育。

4. 建立健全各项管理制度

如项目管理人员岗位责任制度、项目技术管理制度、项目质量管理制度、项目安全管理制度等。

5. 做好分包安排；组织好科研攻关。

7.1.5　物资准备

1. 建筑材料准备

包括水泥、钢材、木材，地方材料、装饰材料、特殊材料等。按初步设计估算出物资需用量，落实地方材料的货源，签订供货合同，准备运输工具。

2. 预制构件和配件准备

包括各种预制钢筋混凝土构件、钢构件、门窗等，均需提出申请加工单委托加工部门加工，并按施工进度要求提出分批供应计划。

3. 建筑施工机具准备

包括施工中确定使用的土方机械、吊装机械等。

4. 现场周转材料准备

包括钢模、钢管、木模、脚手板等。

7.1.6　季节性施工准备

1. 冬期施工准备

（1）编制冬期施工项目计划

按照施工技术规范规定，当室外平均温度连续 5 昼夜低于＋5℃、最低气温低于－3℃时，即进入冬期施工。考虑既能保证施工质量，且费用增加较少的项目在冬期进行施工。例如，打桩、吊装、室内粉刷装修等工程。而费用增加很多又不易确保施工质量的土方、基础、外装修、屋面防水、道路等工程均不宜在冬期安排施工。

（2）落实热源供应，做好室内测温组织工作

冬季昼夜温差变化大，为保证工程施工质量，应做好测温工作，要防止砂浆、混凝土在凝结硬化前受到冰冻而被破坏；准备好冬期施工用的各种保温材

料（如毛毡、保温被或化学抗冻剂等）及热源设备的储存和供应。

（3）室外临时设施的保温防冻措施

给水和排水的管道应用包裹橡塑保温材料加电伴热方法防冻防裂，施工中的临时管线埋设深度应在冰冻线以下，要防止积水成冰，及时清理道路上积雪，以保证施工生产顺利进行。

2. 雨期施工准备

在编制单位工程施工组织设计时，应根据工程所在地的地理、地形特点及施工现场具体环境、条件等，从组织、进度、技术等方面提出相应措施，做好雨期施工准备工作。

（1）工地排水，道路畅通

施工现场排水工作，每逢雨期到来之前对现场"排水"进行重点检查，疏通道边沟，防止堵塞。适当填高路面，加辅碎石，保证道路畅通。对容易积水的地下室、基坑、洼地等，要准备水泵，保证不积水。

（2）土方边坡稳定措施，机具设备防雨措施，防雷击措施

施工现场，靠近山坡边的要有保证土方边坡稳定的边坡坡度，在滑坡体的坡脚处堆筑能抵抗滑坡体下滑的土堆体；机具设备应加强检查，避免漏电、接触不良等现象；各种搅拌机械、塔式起重机、井字架等要接地线，防止雷击，防止倒塌。技术、安全措施要认真贯彻，并对职工加强教育和检查，防止意外事故的发生。

（3）雨期到来前应备足物资

雨期道路泥泞，运输困难。在雨期到来前应尽可能储存材料、物资。同时，准备必要的防雨器材，防止物品淋雨浸水而变质。水泥尽量不要露天堆放，先到先用。砂、石、砖、石灰膏等堆场须挖边沟以利排水，库房四边要有排水沟渠，防止或减少材料损失。

（4）在工程施工程序安排上，晴天应先室外施工，雨天转室内施工。

7.1.7 施工准备工作计划的表达

单位工程施工前，为了有计划、有步骤、分阶段地进行施工准备工作，应根据施工的具体情况和要求编制施工准备工作计划，确定各项施工准备工作的

内容，并使各项工作有明确的分工。单位工程施工准备工作计划的表达方式可用横道图或网络图，也可列简表说明，见表 7-1。

施工准备工作计划表　　　　　　　　　　　　　　　表 7-1

序号	施工准备项目	工作内容	负责单位	负责人	开始日期	完成日期	备注
1							
2							
…							
汇总							

7.2　编制资源配置计划

单位工程施工进度计划编制以后，要着手编制各种资源配置计划。它是做好劳动力配备、材料供应、施工机械调动的依据，也是施工单位编制月季生产作业计划、安排施工现场的临时设施、保证施工按计划顺利进行的主要依据。

资源配置计划包括劳动力配置计划和物资配置计划等，物资配置计划又分为材料配置计划和施工机械配置计划。

7.2.1　劳动力配置计划

劳动力配置计划是根据施工预算、劳动定额和进度计划编制的，主要反映工程施工所需各种技工、普工人数，是作为控制劳动力的平衡、调配和衡量劳动力耗用指标、安排生活和福利设施的依据。

劳动力配置是根据工程的工程量、规定使用的劳动定额及要求的工期计算完成工程所需要的劳动力。在计算过程中要考虑扣除节假日和大雨、雪天等不利因素对施工的影响系数，另外还要考虑施工方法，是人力施工还是半机械施工或机械化施工。因为施工方法不同，所需劳动力的数量也不同。

其编制方法是将施工进度计划表上每天（或旬、月）施工的项目所需工人按工种分别统计，得出每天（或旬、月）所需工种及其人数，再按时间进度要求汇总。劳动力配置计划的表格形式见表 7-2。

劳动力配置计划表 表 7-2

序号	工程名称	工种名称	需要量 /工日	月份						
				1	2	3	4	5	6	…
汇总										

7.2.2 材料配置计划

1. 主要材料配置计划

主要材料配置计划是材料备料、计划供料和确定仓库、堆场面积及组织运输的依据。其编制方法是根据施工预算的工料分析表、施工进度计划表、材料的储备量和消耗定额，将施工中所需材料按品种、规格、数量、使用时间计算汇总而得。表格形式见表 7-3。

主要材料配置计划表 表 7-3

序号	材料名称	规格	需要量		供应时间	备注
			单位	数量		

对于某分部分项工程是由多种材料组成时，应对各种不同材制分类计算。如混凝土工程应变换成水泥、砂、石、外加剂和水的数量分别列入表格。

2. 构件和半成品配置计划

编制构件、配件和其他半成品的配置计划，主要用于落实加工订货单位，并按照所需规格、数量、时间，做好组织加工、运输和确定仓库或堆场等工作，可根据施工图和施工进度计划编制。表格形式见表 7-4。

构件和半成品配置计划 表 7-4

序号	品名	规格	图号	需要量		使用部位	加工单位	供应日期	备注
				单位	数量				

7.2.3　施工机械配置计划

编制施工机械配置计划，主要用于确定施工机械的类型、数量、进场时间，并可据此落实施工机具的来源，以便及时组织进场。其编制方法是将单位工程施工进度计划表中的每一个施工过程，每天施工所需的机械类型、数量和施工时间进行汇总，便得到施工机械配置计划。表格形式见表 7-5。

施工机械配置计划　　　　　　　　　　　表 7-5

序号	机械名称	规格	型号	需要量		货源	使用起止时间	备注
				单位	数量			

单元小结

施工准备工作是工程的开工条件，也是施工中的一项重要内容，主要内容包括：技术准备、现场准备、资金准备及其他准备工作。

技术准备是现场准备工作的基础，是施工准备工作的核心。包括施工所需技术资料的准备、施工方案编制计划、试验检验及设备调试工作计划、样板制作计划等。现场准备主要是现场生产、生活等临时设施的准备。

编制施工准备工作计划应重点确定各项工作的要求、完成时间及有关责任人。各项资源需要量计划主要由劳动力需要量计划、材料需要量计划和施工机械需要量计划组成。通过将进度计划表所列的各施工过程每天所需工人人数按工种汇总来编制劳动力需要量计划；将施工中所需材料按品种规格数量使用时间计算汇总来编制材料需要量计划；将单位工程施工进度计划表中的每一个施工过程，每天施工所需的机械类型数量和施工时间进行汇总，便得到施工机械需要量计划。

实训练习题 🔍

一、填空题

1. 施工准备工作包括_____准备、_____准备和_____准备等。

2. 资源需要量计划包括_____计划、_____计划和_____计划。

二、单项选择题

1. 施工准备工作计划中不包括哪一项？（　　　）

A. 场地平整方案　　　　　　　　　　B. 排水及防洪方案

C. 施工现场平面图设计　　　　　　　D. 测量工作方案

2. 资源需要量计划不包括（　　　）。

A. 劳动力需要量计划　　　　　　　　B. 材料需要量计划

C. 材料试验计划　　　　　　　　　　D. 施工机械需要量计划

3. 劳动力需要量计划是按照（　　　）进行汇总。

A. 工程类型　　　　B. 工种　　　　　C. 需要量　　　　D. 时间

4. 机械需要量计划不需要写明（　　　）。

A. 图号　　　　　　B. 机械名称　　　C. 需要量　　　　D. 货源

5. 材料配置计划确定的依据是（　　　）。

A. 施工进度计划　　　　　　　　　　B. 资金进度计划

C. 施工工法　　　　　　　　　　　　D. 施工顺序

6. 劳动力配置计划确定的依据是（　　　）。

A. 资金计划　　　　B 施工进度计划　　C. 施工工法　　　　D 施工工序

7. 施工机具配置计划确定的依据是（　　　）。

A. 施工方法和施工进度计划　　　　　B. 施工部署和施工方法

C. 施工部署和施工进度计划　　　　　D. 施工顺序和施工进度计划

三、案例分析题

【背景资料】某城镇6层砖混结构住宅楼，基础为钢筋混凝土条形基础，建设单位委托A监理公司监理，经过招标投标，B建筑工程有限公司中标，并成立了项目部组织施工。该工程计划于2021年1月8日开工，2022年1月28日工程整体竣工，并交付使用。

　　施工前，项目部进行了开工准备，并确定了施工顺序，编制了材料配置计划。在上级单位项目管理检查中得到好评，检查组认为依据合理，内容充分。

【问题】

　　1. 开工前和施工过程中必须要做的准备工作有哪些？

　　2. 材料配置计划、劳动力配置计划、施工机具配置计划的编制依据有哪些？

7-3
教学单元7
参考答案

教学单元 **8**

Chapter 08

绘制施工现场平面布置图

 教学目标

1. 知识目标

熟悉施工现场平面布置的内容，掌握施工现场平面布置的步骤。

2. 能力目标

能够识读施工现场平面布置图，并结合具体工程绘制施工现场平面布置图。

3. 思政目标

在施工现场平面布置原则中融入我国有关建筑发展的方针政策，树立节能、环保及安全理念。

通过施工现场平面布置内容的学习，构建大局观；在运输道路的布置知识点中要求通过"尽可能利用永久性道路的路面或路基"等要求，体现物尽其用、厉行节约资源的意识。

思维导图

```
                                          单位工程施工现场平面布置图的内容
                         单位工程施工现场平面布置概述    单位工程施工现场平面布置的设计依据
                                          单位工程施工现场平面布置的原则

                                          垂直运输机械位置的确定
  绘制施工现场                                                    1. 加工棚布置
  平面布置图                       加工棚、仓库及堆场的布置
                                                              2. 仓库及堆场布置

                                          运输道路的布置
                         绘制施工现场平面布置图    临时设施的布置

                                          临时供水、供电设施的布置

                                                              1. 确定图幅大小和绘图比例
                                                              2. 合理规划和设计图面
                                          施工现场平面布置图的绘制    3. 绘制需要的临时设施
                                                              4. 形成施工平面布置图
```

引文

　　施工平面图设计就是根据拟建工程的规模、施工方案、施工进度计划和施工生产的需要，结合现场条件，按照一定的设计原则，对施工机械、材料构件堆场、临时设施、水电管线等，进行平面的规划和布置。将布置方案绘制成图，即施工平面图。

8.1　单位工程施工现场平面布置概述

8.1.1　单位工程施工现场平面布置图的内容

施工现场平面布置图应包括下列内容：

1. 工程施工场地状况。

2. 拟建建（构）筑物的位置、轮廓尺寸、层数等。

3. 工程施工现场的加工设施（加工棚等）、存贮设施（仓库、材料构配件堆场等）、办公和生活用房等的位置和面积。

4. 布置在工程施工现场的垂直运输设施、供电设施、供水供热设施、排水排污设施和临时施工道路等。

5. 施工现场必备的安全、消防、保卫和环境保护等设施。

6. 相邻的地上、地下既有建（构）筑物及相关环境。

8.1.2　单位工程施工现场平面布置的设计依据

施工现场平面布置的依据：施工图纸、现场地形图、水源、电源情况、施工现场情况、可利用的房屋及设施情况、施工组织总设计（如施工总平面图等）、本工程的施工方案与施工方法、施工进度计划及各种资源需要量计划等。

8.1.3　单位工程施工现场平面布置的原则

8-1
施工
总平面图
设计

单位工程施工现场平面布置应符合下列原则：

1. 平面布置科学合理，施工场地占用面积少。

2. 合理组织运输，减少二次搬运。

3. 充分利用既有建（构）筑物和既有设施为项目施工服务，降低临时设施的建造费用。

4. 临时设施应方便生产和生活，办公区、生活区和生产区宜分离设置。

5. 符合节能、环保、安全和消防等要求。

6. 遵循当地主管部门和建设单位关于施工现场安全文明施工的相关规定。

8.2　绘制施工现场平面布置图

施工现场平面布置图的设计步骤一般是：确定垂直运输机械的位置→确定

加工棚、仓库、材料及构件堆场的尺寸和位置→布置运输道路→布置临时设施→布置水电管线→布置安全消防设施→调整优化。

8-2
单位工程
施工平面图
设计

以上步骤在实际设计时，往往互相牵连、互相影响。因此，要多次反复进行。除研究在平面上布置是否合理外，还必须考虑它们的空间条件是否可能和合理，特别要注意安全问题。

8.2.1　垂直运输机械位置的确定

垂直运输机械位置，直接影响仓库、材料、构配件、道路、搅拌站、水电线路的布置，故应首先予以考虑。一般工业与民用建筑工程施工的起重运输机械，主要有塔式起重机（简称塔吊）、龙门架或井架等。

1. 塔吊的布置

塔吊有行走式和固定式两种，行走式塔吊由于其稳定性差已经逐渐淘汰。这里只讲固定式塔吊。固定式塔吊的布置要求如下：

（1）塔吊的平面位置

塔吊的平面位置主要取决于建筑物的平面形状和四周场地条件，一般应在场地较宽的一面沿建筑物的长度方向布置，以便材料运输及充分发挥其效率。塔吊一般采用单侧布置（图 8-1），有时还有双侧布置。

（2）塔吊的起重参数

塔吊一般有三个起重参数：起重量（Q）、起重高度（H）和回转半径（R），如图 8-1（b）所示。有些塔吊还设起重力矩（起重量与回转半径的乘积）参数。

塔吊的平面位置确定后，应使其所有参数均满足吊装要求。塔吊高度取决于建筑高度及起重高度。单侧布置时，塔吊的回转半径应满足下式要求：

$$R \geqslant B + D \tag{8-1}$$

式中　R——塔吊的最大回转半径（m）；

　　　B——建筑物平面的最大宽度（m）；

　　　D——塔吊中心与外墙边线的距离（m）。

塔吊中心与到外墙边线的距离 D 取决于凸出墙面的雨篷、阳台及脚手架

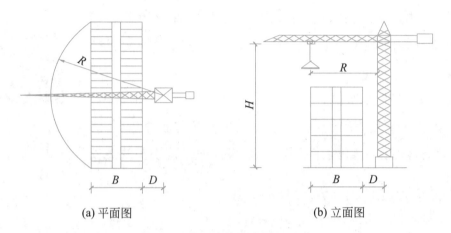

(a) 平面图　　　　　　　　　　(b) 立面图

图 8-1　塔吊的单侧布置示意图

的尺寸，还取决于塔吊的型号、性能及构件重量和位置，这与现场地形及施工用地范围大小有关系。如得不到满足，则可适当减少距离 D 的尺寸。如距离 D 已经是最小安全距离，则应采取其他技术措施，如采用双侧布置、结合井架布置等。

（3）塔吊的服务范围

建筑物处在塔吊回转半径范围内的部分，即为塔吊的服务范围。建筑物处在塔吊服务范围以外的阴影部分，称为"死角"，如图 8-2 所示。塔吊布置的最佳状态是使建筑物平面尽量处在塔吊的服务范围以内，尽量避免出现"死角"，或使最重、最高、最大的构件不出现在"死角"。

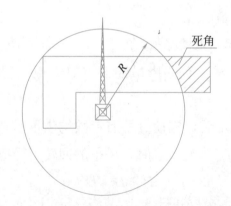

图 8-2　塔吊服务范围及塔吊布置的"死角"

如果"死角"无法避免，则"死角"处材料的运输解决方法："死角"较小时，由塔吊吊装最远材料或构件，需将材料或构件作水平推移，但推移距离一般不得超过 1m，并应有严格的技术安全措施；"死角"较大时，需采取其他辅助措施，如将材料或构件由塔吊吊装到楼面后，再在楼面上进行水平转运，或布置井架（或龙门架）。

2. 龙门架（或井架）的布置

龙门架（或井架）的布置位置取决于建筑物平面形状和大小、房屋的高低分界、施工段的划分及四周场地大小等因素。一般来说，当建筑物各部位的高度相同时，布置在施工段的分界线附近靠现场较宽的一面，以便在井架或龙门架附近堆放材料和构件，缩短运距；当建筑物各部分的高度不同时，布置在高低分界线附近，这样布置的优点是楼面上各施工段水平运输互不干扰。若有可能，井架、龙门架的位置以布置在窗口处为宜，这样可以避免砌墙留槎和减少井架拆除后的修补工作。卷扬机的位置不能离井架或龙门架太近，一般应在 10m 以外，以便卷扬机操作工能方便地观察吊物的升降过程。图 8-3 为井架布置示意。

对于建设高度为 21m 及以上的工程，不宜用井架、龙门架、物料提升机等作为材料的垂直运输设备，可采用施工开降机。

图 8-3 井架布置示意

8.2.2 加工棚、仓库及堆场的布置

布置这些内容时，总体要求为：既要使它们尽量靠近使用地点或将它们布置在起重机服务范围内，又要便于运输、装卸。

1. 加工棚的布置

木材和钢筋等加工棚的位置宜设置在建筑物四周稍远处，并有相应的材料及成品堆场。石灰及淋灰池的位置可根据情况布置在接近砂浆搅拌机附近并在下风向；沥青及熬制锅的位置要远离易燃品仓库或堆场，并布置在下风向。

现场作业棚面积参照表 8-1 进行确定。

现场作业棚所需面积参考指标　　　　　　　　　表 8-1

序号	名称	单位	面积/m²	备注
1	木工作业棚	m²/人	2	占地为建筑面积的 2～3 倍
2	电锯房	m²	80	86～91cm 圆锯 1 台
3	钢筋作业棚	m²/人	3	占地为建筑面积的 3～4 倍
4	搅拌棚	m²/台	10～18	
5	卷扬机棚	m²/台	6～12	
6	烘炉房	m²	30～40	
7	焊工房	m²	20～40	
8	电工房	m²	15	
9	油漆工房	m²	20	
10	机、钳工修理房	m²	20	
11	立式锅炉房	m²/台	5～10	
12	发电机房	m²/kW	0.2～0.3	
13	水泵房	m²/台	3～8	
14	空压机房(移动式)	m²/台	18～30	
15	空压机房(固定式)	m²/台	9～15	

【例 8-1】某工程主体阶段施工，已知高峰期钢筋工为 24 人，试确定钢筋作业棚的面积 S_1、占地面积 S_2、钢筋堆场的面积 S_3。

解：查表 8-1 得：钢筋作业棚 3m²/人，占地为建筑面积的 3～4 倍，取 3 倍，则钢筋作业棚的面积 S_1 为：$3 \times 24 = 72$m²

占地面积 S_2 为：$3 \times 72 = 216$m²

钢筋堆场的面积 $S_3 = S_1 - S_2 = 216 - 72 = 144$m²。

2. 仓库及堆场的布置

仓库及堆场的面积应先通过计算，然后根据各个施工阶段的需要及材料使用的先后进行布置。

(1) 仓库及堆场的布置

水泥仓库应选择地势较高、排水方便、靠近搅拌机的地方。各种易爆、易燃品仓库的布置应符合防火、防爆安全距离的要求。木材、钢筋及水电器材等仓库，应与加工棚结合布置，以便就近取材加工。

各种主要材料，应根据其用量的大小、使用时间的长短、供应与运输情况等研究确定。凡用量较大、使用时间较长、供应与运输比较方便者，在保证施工进度与连续施工的情况下，均应考虑分期分批进场，以减小堆场或仓库所需面积，达到降低损耗、节约施工费用的目的。

应考虑"先用先堆、后用后堆"，有时在同一地方，可以先后堆放不同的材料。

钢模板、脚手架等周转材料，应选择在装卸、取用、整理方便和靠近拟建工程的地方布置。

基础及底层用砖，可根据场地情况，沿拟建工程四周分堆布置。此时当基础尚未完成时，应根据基槽（坑）的深度、宽度及其坡度确定材料堆放位置，使之与基槽（坑）边缘保持一定的安全距离，以防止塌方。

底层以上的用砖（或砌块）及其他需经起重机升送材料的堆场位置：当采用固定式垂直运输设备（如井架或龙门架）时，将其布置在垂直运输设备的附近；当采用塔吊进行垂直运输时，可布置在其服务范围内。大宗的、重量大的和先期使用的材料，尽可能靠近使用地点或起重机附近；少量的、轻的和后期使用的材料则可布置得稍远一些。

（2）预制构件的布置

装配式单层厂房的各种构件应根据吊装方案及方法，先画出平面布置图，再依此进行布置。多层装配式房屋的构件应布置在起重机服务范围内（塔吊）或回转半径内（履带吊、汽车吊等），以便直接挂钩起吊，避免二次转运。

（3）材料仓库及堆场的面积计算

各种材料仓库及堆场所需面积，根据材料的储备量计算。

1）材料储备期的计算

$$P = (Q/T) \cdot n \cdot k \tag{8-2}$$

式中　P——材料储备量；

　　　Q——计划期内需要的材料数量；

　　　T——需要该项材料的时间（天）；

　　　n——储备天数（天），参见表 8-2；

　　　k——材料消耗量不均衡系数，k＝日最大消耗量/日平均消耗量，参见

表 8-2。

　　2）仓库或堆场面积计算

$$F = P/V \tag{8-3}$$

式中　F——按材料储备期计算的仓库或堆场面积 m^2；

　　　　V——每平方米面积上堆存放材料的数量，参见表 8-2。

常用材料按储备期计算面积参数　　　　　　　表 8-2

材料名称	单位	每平方米储备量 V	储备天数 n/d	堆置高度 K/m	材料消耗量不均衡系数（季度）k	仓库类别
钢筋（直筋）	t	1.8~2.4	40~50	1.2	1.2~1.4	露天
钢筋（盘圆）	t	0.8~1.2	40~50	1.0	1.2~1.4	棚约占20%
水泥	t	1.4	30~40	1.5	1.2~1.4	库
砂子	m^3	1.2	10~30	1.5	1.2~1.4	露天
卵石、碎石	m^3	1.2	10~30	1.5	1.2~1.4	露天
木材	m^3	0.8	40~50	2.0	1.2~1.4	露天
红砖	千块	0.5	10~30	1.5	1.4~1.8	露天
石灰（块状）	t	1.0~1.5	20~30	1.5	1.2~1.4	棚
五金	t	1.0	20~30	2.2	1.2~1.5	库
油漆料	桶	50~100	20~30	1.5	1.2	库
电线电缆	t	0.3	40~50	2.0	1.5	库
卷材	卷	15~24	20~30	2.0	1.3~1.5	库
沥青	t	0.8	20~30	1.2	1.5~1.7	露天
小型预制构件	m^3	0.3~0.4	10~20	0.9	—	露天
大型砌块	m^3	0.9	3~7	1.5	1.4~1.8	露天
模板	m^3	0.7	3~7	—	—	露天
脚手架	m^3	1.5~1.8	30~40	2.0	—	露天

8.2.3　运输道路的布置

　　运输道路的布置主要解决运输和消防两个问题。现场道路应尽可能利用永久性道路的路面或路基，以节约费用。现场道路布置时要保证行驶畅通，使运输工具有回转的可能性。因此，运输线路最好绕建筑物布置成环形道路。道路宽一般大于 3.5m，主干道路宽度不小于 6m，两侧一般应结合地形设排水沟，一般沟深和底宽不小于 0.4m。

8.2.4　临时设施的布置

单位工程的临时设施分生产性和生活性两类。生产性临时设施主要包括各种料具仓库、加工棚等，其布置要求前文已述及；生活性临时设施主要包括行政、文化、生活、福利用房等。布置生活性临时设施时，应遵循使用方便、有利施工、合并搭建、保证安全的原则。

临时设施应尽可能采用活动式、装拆式结构，或就地取材设置。门卫、收发室等应设在现场出入口处；工地行政管理用房宜设在工地入口处；现场办公室应靠近施工地点；工人休息室应设在工作地点附近；工地食堂可布置在工地内部或外部；工人住房一般在场外集中设置。

《施工现场临时建筑物技术规范》JGJ/T 188—2009 对临时建筑物的设计规定如下：

1. 总平面

（1）办公区、生活区和施工作业区应分区设置，且应采取相应的隔离措施，并应设置导向、警示、定位、宣传等标识。

（2）办公区、生活区应位于建筑物可能产生的坠落范围和塔吊等机械作业半径之外。

（3）办公区应设置办公用房、停车场、宣传栏、密闭式垃圾收集容器等设施。

（4）生活用房宜集中建设，成组布置，并设置室外活动区域。

（5）厨房、卫生间宜设置在主导风向的下风侧。

2. 建筑设计

（1）办公用房宜包括办公室、会议室、资料室、档案室等。

（2）办公用房室内净高不应低于 2.5m。

（3）办公室人均使用面积不应小于 $4m^2$，会议室使用面积不宜小于 $30m^2$。

（4）生活用房宜包括宿舍、食堂、餐厅、厕所、盥洗室、浴室、文体活动室等。

（5）宿舍内应保证必要的生活空间，人均使用面积不宜小于 $2.5m^2$，室内净高不应低于 2.5m，每间宿舍居住人数不宜超过 16 人。

（6）宿舍内应设置单人铺，层铺的搭设不应超过 2 层。

（7）食堂与厕所、垃圾站等污染源的地方的距离不宜小于 15m，且不应设在污染源的下风侧。

（8）厕所的蹲位设置应满足男厕每 50 人、女厕每 25 人设 1 个蹲便器，男厕每 50 人设 1m 长小便槽的要求。蹲便器间距不小于 900mm，蹲位之间宜设置隔板，隔板高度不低于 900mm。

（9）文体活动室使用面积宜为 30～50m^2，并应配备电视机、书报和必要的文体活动设施、用品。

8.2.5　临时供水、供电设施的布置

1. 临时供水

应先进行用水量、管径的计算，然后进行布置。单位工程的临时供水管网，一般采用枝状布置。供水管可通过计算或查表选用，一般 5000～10000m^2 的建筑物，其施工用水管直径为 50mm，支管直径为 15～25mm。单位工程供水管的布置，除应满足计算要求以外，还应将供水管分别接至各用水点（如砖堆、石灰池、搅拌站等）附近，分别接出水龙头，以满足现场施工的用水需要。此外，在保证供水的前提下，应使管线越短越好，以节约施工费用。管线可暗铺，也可明铺。

2. 临时供电

应先计算用电量、导线等，然后进行布置。单位工程的临时供电线路，一般也采用枝状布置。其要求如下：

（1）尽量利用原有的高压电网及已有的变电器。

（2）变压器应布置在现场边缘高压线接入处，离地应大于 3m，四周设有高度大于 1.7m 的铁丝网防护栏，并设有明显的标志。不要把变压器布置在交通道口处。

（3）线路应架设在道路一侧，距建筑物应大于 1.5m，垂直距离应在 2m 以上，木杆间距一般为 25～40m，分支线及引入线均应从杆上横担处连接。

（4）线路应布置在起重机械的回转半径之外。否则必须搭设防护栏，其高

度要超过线路 2m，机械运转时还应采取相应的措施，以确保安全。现场机械较多时，可采用埋地电缆代替架空线，以减少互相干扰。

（5）供电线路跨过材料、构件堆场时，应有足够的安全架空距离。

（6）各种用电设备的闸刀开关应单机单闸，不允许一闸多机使用，闸刀开关的安装位置应便于操作。

（7）配电箱等在室外时，应有防雨措施，严防漏电、短路及触电事故。

8.2.6　绘制施工现场平面布置图

施工现场平面布置图的内容和数量一般根据工程特点、工期长短、场地情况等确定。一般中小型单位工程只绘制主体结构施工阶段的平面布置图即可；对于工期较长或场地受限制的大中型工程，则应分阶段绘制施工平面布置图。如高层建筑可绘制基础、结构、装修等阶段的施工平面布置图；单层厂房则可绘制基础、预制、吊装等阶段的施工平面布置图。

单位工程施工平面图是施工的重要技术文件之一，是施工组织设计的重要组成部分，因此，要求精心设计，认真绘制。现将其绘制步骤简述如下：

1. 确定图幅大小和绘图比例

图幅大小和绘图比例应根据工地大小及布置的内容多少来确定。图幅一般采用 2 号或 3 号图纸，比例一般采用 1∶200～1∶500，常用的是1∶200。

2. 合理规划和设计图面

根据图幅大小，按比例尺寸将拟建建筑物的轮廓绘制在图中的适当位置，以此为中心，将施工方案选定的起重机械及配套设施，按布置原则和要求绘制其轮廓线。

3. 绘制需要的临时设施

按各种临时设施的要求和计算面积，逐一绘制到图面上去。

4. 形成施工平面布置图

在进行各项布置后，经分析比较、优化、调整、修改，形成施工平面布置草图；然后再按规范规定线型、图例等对草图进行加工，标注指北针、图例、比例及必要的文字说明等，成为正式的施工现场平面布置图。见表 8-3。

施工平面布置图图例　　　　　　　　　　　　　表 8-3

序号	名称	图例	序号	名称	图例
一、地形及控制点					
1	三角点	点名 高程	9	土堤、土堆	
2	水准点	点名 高程	10	坑穴	
3	窑洞：地上、地下		11	填挖边坡	
4	蒙古包		12	地表排水方向	
5	坟地、有树坟地		13	树林	
6	石油、盐、天然气井		14	竹林	
7	探井（试坑）		15	耕地：稻田、旱地	
8	等高线：基本的、辅助的				
二、建筑、构筑物					
1	新建建筑物：地上、地下	12F/2D H=59.00m	6	围墙及大门	
2	原有建筑物		7	建筑工地界限	
3	计划扩建的建筑物		8	工地内的分界线	
4	拆除的建筑物		9	室内地坪标高	151.00 (±0.00)
5	临时房屋：密闭式、敞篷式		10	室外地坪标高	143.00

序号	名称	图例	序号	名称	图例
三、交通运输					
1	原有道路		3	新建道路	
2	计划扩建的道路		4	施工用临时道路	
四、材料、构件堆场					
1	散状材料临时露天堆场	需要时可注明材料名称	3	敞篷	
2	其他材料露天堆场或露天作业场	需要时可注明材料名称			
五、动力设施					
1	临时水塔		6	加压井	
2	临时水池		7	原有的上水管线	
3	贮水池		8	临时给水管线	— S — S —
4	永久井		9	给水阀门(水嘴)	
5	临时井		10	支管接管位置	— S —

序号	名称	图例	序号	名称	图例
11	消火栓		22	投光灯	
12	原有上下水井		23	电杆	
13	拟建上下水井		24	现在高压 6kV 线路	——WW₆—— ——WW₆
14	临时上下水井		25	施工期间利用的永久高压 6kV 线路	——LLW₆—— ——LLW₆
15	原有的排水管线	——I——I——	26	临时高压 3~5kV 线路	——VV—— ——VV
16	临时排水管线	——P——	27	现有低压线路	——W₃.₅—— W₃.₅
17	临时排水沟		28	施工期间利用的永久低压线路	——LVV—— LVV——
18	化粪池	HC	29	临时低压线路	——V—— V——
19	拟建水源		30	电话线	—-o—- —-o—
20	电源		31	现有暖气管道	——T—— T——
21	变压器		32	临时暖气管道	——Z——

六、施工机械

序号	名称	图例	序号	名称	图例
1	塔式起重机		5	履带式起重机	
2	井架		6	汽车式起重机	
3	门架		7	外用电梯	
4	卷扬机		8	挖土机：正铲 反铲 抓铲 拉铲	

序号	名称	图例	序号	名称	图例
六、施工机械					
9	推土机		12	灰浆搅拌机	
10	铲运机		13	打桩机	
11	混凝土搅拌机		14	水泵	
七、其他					
1	脚手架		3	草坪	
2	壁板插放架		4	避雷针	

单元小结

　　施工平面图设计就是根据拟建工程的规模、施工方案、施工进度计划和施工生产的需要，结合现场条件，按照一定的设计原则，对施工机械、材料构件堆场、临时设施、水电管线等，进行平面的规划和布置。将布置方案绘制成图，即施工平面图。

　　施工现场平面布置图的设计步骤一般是：确定垂直运输机械的位置→确定加工棚、仓库、材料及构件堆场的尺寸和位置→布置运输道路→布置临时设施→布置水电管线→布置安全消防设施→调整优化。

实训练习题

一、单项选择题

1. 单车道路净宽、净高均不小于（　　）m；双车道路宽不小于（　　）m。

A. 4，4　　　　　　　　B. 4，6　　　　　　　　C. 6，4　　　　　　　　D. 6，6

2. 临时消防道路的净宽、净高不低于（　　）m。

A. 3　　　　　　　　　B. 4　　　　　　　　　C. 5　　　　　　　　　D. 6

3. 施工现场水泥仓库应选择存放的地点为（　　）。

A. 地势较高、排水方便、靠近搅拌机

B. 地势较低、排水方便

C. 水泥仓库应选择在日照充足

D. 水泥仓库应选择在靠近拟建工程

4. 钢筋加工棚的位置宜设置在（　　）。

A. 靠近拟建工程 　　　　　　　　　B. 建筑物四周稍远处

C. 下风向 　　　　　　　　　　　　D. 上风向

二、多项选择题

1. 施工现场平面布置图应包括下列内容（　　）。

A. 拟建建（构）筑物的位置

B. 工程施工现场的加工棚、仓库、材料构配件堆场

C. 临时施工道路

D. 施工现场必备的安全、消防、保卫和环境保护等设施

2. 常见的垂直运输机械有（　　）。

A. 塔式起重机 　　　　　　　　　　B. 施工电梯

C. 小推车 　　　　　　　　　　　　D. 混凝土泵

3. 单位工程临时设施分为（　　）两类。

A. 生产性 　　　　　　　　　　　　B. 生活性

C. 娱乐性 　　　　　　　　　　　　D. 休闲性

4. 运输道路的布置主要解决（　　）两个问题。

A. 环保 　　　　B. 运输 　　　　C. 消防 　　　　D. 生活

5. 施工作业区一般设有（　　）。

A. 钢筋加工棚 　　　　　　　　　　B. 脚手架堆场

C. 砂石材料堆场 　　　　　　　　　D. 木加工棚

6. 塔式起重机的起重参数为（　　）。

A. 起重量 　　　　　　　　　　　　B. 起重高度

C. 回转半径 　　　　　　　　　　　D. 工作时长

三、案例分析题

1.【背景资料】某工程建筑面积13000m²，地处繁华地段。东、南两面紧靠居民小区一般路段。在项目实施过程中对现场平面布置进行规划，并绘制了

施工现场平面布置图。

【问题】施工现场平面布置图应包括哪些内容?

2.【背景资料】某住宅小区工程基坑南北长 400m、东西宽 200m,沿基坑四周设置 3.5m 宽环形临时施工道路(兼临时消防车道),道路离基坑边沿 3m,并沿基坑支护体系上口设置 6 个临时消火栓。监理工程师认为不满足相关规范要求,并要求整改。

该工程中有一栋 8 层全现浇钢筋混凝土结构高层住宅,使用 2 台塔式起重机。工地环形道路一侧设临时用水、用电,现场不设现场混凝土搅拌站。

【问题】

(1)指出监理工程师要求整改的具体错误之处,并说明理由。

(2)施工平面图设计原则是什么?

(3)进行塔楼施工平面图设计时,以上设施布置的先后顺序是什么?

8-3
教学单元8
参考答案

教学单元 9

制定主要管理措施

Chapter 09

教学目标

1. 知识目标

掌握单位工程施工主要管理措施的内容，明确各种措施的管理目标及管理要点；掌握拟定工程施工主要管理措施的方法。

2. 能力目标

能够结合工程实际，制定一般建筑工程施工主要管理措施。

3. 思政目标

通过制定主要管理措施，将工程建设标准和建设责任具体化，同时实现了对工程施工的精细化管理。通过本单元内容的学习，使学生养成尊重标准、遵守标准的行为习惯，树立规则及责任意识，秉承绿色发展理念、保护环境、爱护环境。

思维导图

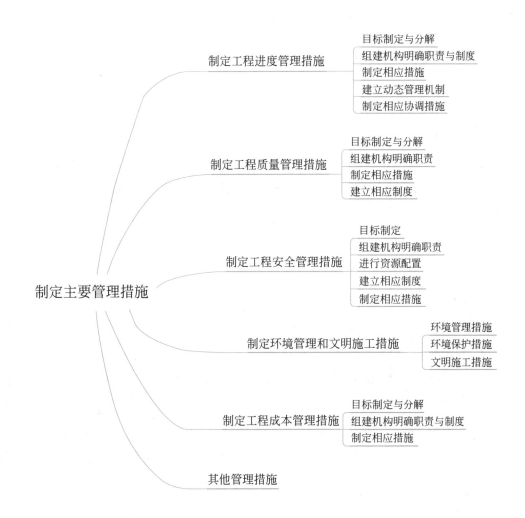

引文

　　建筑工程施工管理措施主要是指在技术和组织方面对工程质量、安全、成本和文明施工所采用的方法和措施。在制定技术组织措施中，要针对单位工程施工的主要环节，结合工程具体情况和施工条件，依据有关的规章、规程及以往的施工经验进行。主要包括：质量保证措施、进度保证措施、安全施工保证措施、降低成本措施、环境保护措施等。施工管理措施涵盖很多方面的内容，可根据工程的特点有所侧重。

9.1 制定工程进度管理措施

项目施工进度管理应按照项目施工的技术规律和合理施工顺序，保证各工序在时间和空间上顺利衔接。

不同工程项目的施工技术规律和施工顺序不同。即使是同一类工程项目，施工顺序也难以做到完全相同。因此必须根据工程特点，按照施工的技术规律和合理的组织关系，解决各工序在时间和空间上的先后顺序和搭接问题，以达到保证质量、安全施工、充分利用空间、争取时间、实现经济合理安排进度的目的。

进度管理措施的内容包括：

（1）对施工项目进度计划进行逐级分解，通过阶段性目标的实现保证最终工期目标的完成。

在施工活动中通常是通过控制最基础的分部（分项）工程的施工进度，来保证各个单项（单位）工程或阶段工程进度控制目标的完成，进而实现控制项目施工进度总体目标。因而，需要将总体进度计划进行从总体到细部、从高层次到基础层次的一系列层层分解，一直分解到在施工现场可以直接调度控制的分部（分项）工程或施工作业过程为止。

（2）建立施工进度管理的组织机构并明确职责，制定相应管理制度。

施工进度管理的组织机构是实现进度计划的组织保证，它既是施工进度计划的实施组织，又是施工进度计划的控制组织；既要承担实施进度计划赋予的生产管理和施工任务，又要承担进度控制目标，对进度控制负责，因此需要严格落实有关管理制度和职责。

（3）针对不同施工阶段的特点，制定进度管理相应措施，包括施工组织措施、技术措施和合同措施等。

（4）建立施工进度动态管理机制，及时纠正施工过程中的进度偏差，并制定特殊情况下的赶工措施。

面对不断变化的客观条件，施工进度往往会产生偏差。当发生实际进度比计划进度超前或落后时，控制系统就要做出应有的反应：分析偏差产生的原因、采取相应的措施、调整原来的计划，使施工活动在新的起点上按调整后的计划继续运行，如此循环往复，直至预期计划目标的实现。

（5）根据项目周边环境特点，制定相应的协调措施，减少外部因素对施工进度的影响。项目周边环境是影响施工进度的重要因素之一，其不可控性大，必须重视诸如环境扰民、交通组织和偶发意外等因素，采取相应的协调措施。

9.2　制定工程质量管理措施

施工单位应按照《质量管理体系 要求》GB/T 19001—2016 建立本单位的质量管理体系文件，并在此框架内编制质量管理计划。可以独立编制质量计划，也可以在施工组织设计中合并编制质量计划的内容。质量管理应按照 PDCA 循环模式，加强过程控制，通过持续改进提高工程质量。

质量管理措施的内容包括：

（1）按照项目具体要求确定质量目标并进行目标分解，质量指标应具有可测量性。应制定具体的项目质量目标，质量目标应不低于工程合同明示的要求，应尽可能地量化和层层分解到最基层，建立阶段性目标。

（2）建立项目质量管理的组织机构并明确职责。应明确质量管理组织机构中各重要岗位的职责，与质量有关的各岗位人员应具备与职责要求匹配的相应知识、能力和经验。

（3）制定符合项目特点的技术保障和资源保障措施，通过可靠的预防控制措施，保证质量目标的实现。在项目管理过程中，施工单位应采取各种有效措施，确保项目质量目标的实现，这些措施包含但不局限于：原材料、构配件、机具的要求和检验，主要的施工工艺、质量标准和检验方法，冬期和雨期施工的技术措施，关键过程、特殊过程、重点工序的质量保证措施，成品、半成品的保护措施，工作场所环境以及劳动力和资金保障措施等。

（4）建立质量过程检查制度，并对质量事故的处理做出相应规定。按"质量管理八项原则"中的过程方法要求，将各项活动和相关资源作为过程进行管理，建立质量过程检查、验收以及质量责任制等相关制度，对质量检查和验收标准作出规定，采取有效的纠正和预防措施，保障各工序和过程的质量。

9.3　制定工程安全管理措施

目前，大多数施工单位基于《职业健康安全管理体系　要求及使用指南》GB/T 45001—2020通过了职业健康安全管理体系的认证，建立了企业内部的安全管理体系。安全管理措施可在施工单位安全管理体系的框架内编制。安全管理计划应在企业安全管理体系的框架内，针对项目的实际情况编制。

9-1
岗前职工
安全教育
准备

安全管理措施的内容包括：

（1）确定项目重要危险源，制定项目职业健康安全管理目标。

（2）建立有管理层次的项目安全管理组织机构并明确职责。

（3）根据项目特点，进行职业健康安全方面的资源配置。

（4）建立具有针对性的安全生产管理制度和职工安全教育培训制度。

（5）针对项目重要危险源，制定相应的安全技术措施；对达到一定规模的危险性较大的分部（分项）工程和特殊工种的作业应制定专项安全技术措施的编制计划。

（6）根据季节、气候的变化，制定相应的季节性安全施工措施。

（7）建立现场安全检查制度，并对安全事故的处理做出相应规定。

建筑施工安全事故（危害）通常分为七大类：高处坠落、机械伤害、物体打击、坍塌倒塌、火灾爆炸、触电、窒息中毒。安全管理计划应针对项目具体情况，建立安全管理组织，制定相应的管理目标、管理制度、管理控制措施和应急预案等。

安全
事故
警示：

9-2	9-3	9-4	9-5
安全事故警示—物体打击事故：动画	安全事故警示—坍塌事故：动画	安全事故警示—起重事故：动画	安全事故警示—火灾事故：动画

9.4 制定环境管理和文明施工措施

9.4.1 环境管理措施

环境管理计划可参照《环境管理体系 要求及使用指南》GB/T 24001—2016 在施工单位环境体系的框架内编制。

环境管理措施内容包括：

（1）确定项目重要环境因素，制定项目环境管理目标。

（2）建立项目环境管理的组织机构并明确职责。

（3）根据项目特点，进行环境保护方面的资源配置。

（4）制定现场环境保护的控制措施。

（5）建立现场环境检查制度，并对环境事故的处理做出相应规定。

一般来说，建筑工程常见的环境因素包括：大气污染、垃圾污染、建筑施工中建筑机械发出的噪声和强烈的振动、光污染、放射性污染、生产及生活污水排放等。应根据建筑工程各阶段的特点，依据分部（分项）工程进行环境因素的识别和评价，并制定相应的管理目标、控制措施和应急预案等。

9.4.2 环境保护措施

环保管理的具体内容包括：签订环保责任书，做好"三防八治理"工作。即防大气污染、防水源污染、防噪声污染、地面路面施工垃圾扬尘治理、施工废水治理、废油废气治理、施工机械车辆噪声治理和人为噪声治理等。

施工现场环境保护的实施措施主要内容包括：

（1）施工现场的废物垃圾要及时清理，按环保要求运至指定的地点。分类处理可回收利用的废弃物，提高回收利用量。

（2）施工现场的作业面要保持清洁，道路要硬化、通畅，保证无污物和积水。

（3）对于容易产生灰尘的材料要制定切实可靠的措施。如水泥、细砂等的保管和使用等，需要做防尘处理和密封存放。

（4）工程机械、设备和车辆进出施工场地，要制定防污处理措施，建立冲洗制度。

（5）工地污水的排放要做到生活用水和施工用水分离，严格按市政和市容要求处理。

（6）减少施工工地用的机械、设备等所产生的噪声、废气、废液。

（7）对于影响周围环境的工程安全防护设施，要经常检查维护，防止由于施工条件的改变或气候的变化而影响其安全性。

（8）运输无遗撒。

9.4.3　文明施工措施

文明施工是指在施工过程中，现场施工人员的生产活动和生活活动必须符合正常的社会道德规范和行为准则，按照施工生产的客观要求从事生产活动以保证施工现场的高度秩序和规范，减少对现场周围的自然环境和社会环境产生的不利影响，杜绝野蛮施工和粗鲁行为，使工程项目能够顺利完成。

现场文明施工的内容主要从以下几个方面制定：现场围挡、封闭管理、施工场地、材料堆放、现场住宿、现场防火、治安综合治理、施工现场标牌、生活设施、保健急救、社区服务等。

9.5　制定工程成本管理措施

成本管理计划应以项目施工预算和施工进度计划为依据编制，制定成本管理措施应包括下列内容：

（1）根据项目施工预算，制定项目施工成本目标。根据施工进度计划，对项目施工成本目标进行阶段分解。

（2）建立施工成本管理的组织机构并明确职责，制定相应管理制度。

（3）采取合理的技术、组织和合同等措施，控制施工成本。

（4）确定科学的成本分析方法，制定必要的纠偏措施和风险控制措施。

必须正确处理成本与进度、质量、安全和环境等之间的关系。成本管理是与进度管理、质量管理、安全管理和环境管理等同时进行的，是针对整体施工目标系统所实施的管理活动的一个组成部分。在成本管理中，要协调好与进度、质量、安全和环境等的关系，不能片面强调成本节约。

9.6　其他管理措施

其他管理措施包括绿色施工管理措施、防火保护管理措施、合同管理措施、组织协调管理措施、成品保护措施、创优质工程管理措施、质量保修管理措施以及对施工现场人力资源、施工机具、材料设备等生产要素的管理措施等，其他管理措施可根据项目的特点和复杂程度加以取舍。

单元小结

建筑工程施工组织管理措施主要包括：质量保证措施、进度保证措施、安全施工保证措施、降低成本措施、环境保护措施等。各项管理措施应分别制定各自控制目标、控制任务，建立管理的组织机构并明确职责，处理好相互之间的关系。

实训练习题

一、单项选择题

1. 施工安全措施不包括（ ）。

A. 深基坑支护安全措施

B. 确保定位放线准确无误的措施

C. 防台风措施

D. 安全宣传教育

2. 你所在的学校计划新建一高层学生公寓单体工程，请问该公寓工程属于（ ）。

A. 单项工程

B. 单位工程

C. 分部工程

D. 分项工程

3. 单位工程技术组织措施设计中不包括（ ）。

A. 质量保证措施

B. 安全保证措施

C. 环境保护措施

D. 资源供应保证措施

4. （ ）应针对项目具体情况，建立安全管理组织，制定相应的管理目标、管理制度、管理控制措施和应急预案等。

A. 进度管理计划

B. 质量管理计划

C. 安全管理计划

D. 成本管理计划

5. 下列安全生产管理制度中，最基本且是所有制度核心的是（ ）。

A. 安全生产教育培训制度

B. 安全生产责任制

C. 安全检查制度

D. 安全措施计划制度

二、多项选择题

1. 保证质量措施，可以从以下（ ）方面考虑。

A. 确保主体结构关键部位施工质量的措施

B. 确保基础和地下结构施工质量的措施

C. 起重运输设备防倾覆措施

D. 保证质量的组织措施

E. 建立项目质量管理的组织机构

2. 属于建筑施工安全事故（危害）的有（   ）。

A. 高处坠落   B. 财物丢失

C. 物体打击   D. 坍塌倒塌   E. 进度延后

3. 单位工程施工组织设计中所涉及的技术组织措施应包括（   ）。

A. 降低成本技术   B. 节约工期措施

C. 季节性施工措施   D. 防止环境污染措施

E. 保证资源供应措施

4. 关于建设工程施工现场文明施工的说法，正确的有（   ）。

A. 施工现场必须实行封闭管理，设置进出口大门，制定门卫制度，严格执行外来人员进场登记制度

B. 沿工地四周连续设置围挡，市区主要道路和其他涉及市容景观路段的工地围挡的高度不得低于 3.5m

C. 项目经理是施工现场文明施工的第一责任人

D. 施工现场设置排水系统，泥浆、污水、废水直接排入下水道

E. 现场建立消防领导小组，落实消防责任制和责任人员

5. 建设工程生产安全检查的主要内容包括（   ）。

A. 管理检查   B. 思想检查

C. 危险源检查   D. 隐患检查

E. 整改检查

6. 关于建设工程现场文明施工管理措施的说法，正确的有（   ）。

A. 项目安全负责人是施工现场文明施工的第一责任人

B. 沿工地四周连续设置围挡，市区主要路段的围挡高度不得低于 1.8m

C. 施工现场设置排水系统，泥浆、污水、废水有组织地排入下水河道

D. 施工现场必须实行封闭管理，严格执行外来人员进场登记制度

E. 现场必须有消防平面布置图，临时设施按消防条例有关规定布置

9-6
教学单元9
参考答案

建筑

建筑

第三篇

单位工程施工组织设计实例

教学单元10
单位工程施工组织设计实例

Chapter 10

1. 知识目标

通过对单位工程施工组织设计实例的学习，全面熟悉和掌握不同结构单位工程施工组织设计的内容组成、编制要点和编制流程。

2. 能力目标

通过对单位工程施工组织设计实例的学习，能够编制一般单位工程的施工组织设计，能够分析处理工程施工过程中出现的一般问题。

3. 思政目标

单位工程施工组织设计实例体现了承包单位在施工过程中完善的管理体系，严格的施工工艺以及保护环境、节约资源、维护生态平衡的可持续发展思想。通过全方位的学习，培养学生科学严谨的工作态度和统筹兼顾的大局观，引导学生树立追求卓越、精益求精的工匠精神和绿色发展的理念。并注意科学防疫，依法防控，传播正能量。

思维导图

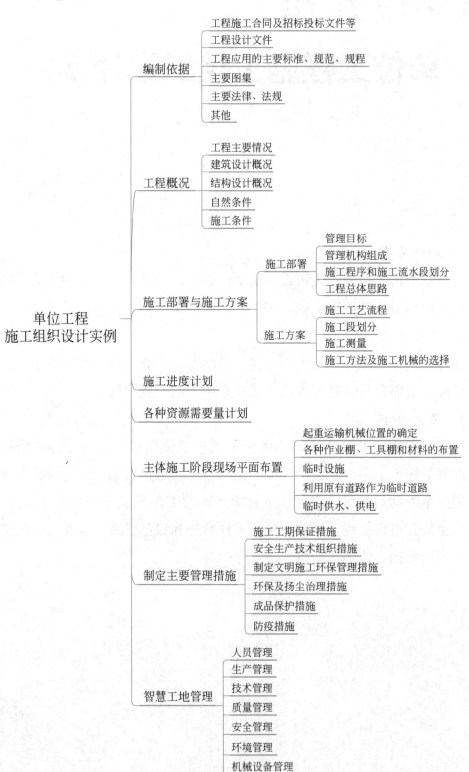

某实训楼工程施工组织设计

10.1　编制依据

10.1.1　工程施工合同及招标投标文件等

1. 某实训楼工程施工承包招标文件
2. 某实训楼工程工程施工承包合同
3. 某实训楼工程补充协议
4. 某省工程勘察院提供的岩土工程勘察报告

10.1.2　工程设计文件

1. 某省建筑设计有限公司设计的施工图纸
2. 工程量清单
3. 技术资料

10.1.3　主要标准、规范、规程

主要标准、规范、规程　　　　　　　　　　　表 10-1

序号	类别	标准、规范、规程名称	编号
1	国家	钢筋混凝土用钢 第1部分:热轧光圆钢筋	GB 1499.1—2017
2	国家	钢筋混凝土用钢 第2部分:热轧带肋钢筋	GB 1499.2—2018
3	国家	塔式起重机安全规程	GB 5144—2006
4	国家	冷轧带肋钢筋	GB 13788—2017
5	国家	建筑结构荷载规范	GB 50009—2012
6	国家	建筑抗震设计规范(附条文说明)(2016 年版)	GB 50011—2010

续表

序号	类别	标准、规范、规程名称	编号
7	国家	建筑设计防火规范	GB 50016—2014
8	国家	建筑物防雷设计规范	GB 50057—2010
9	国家	建筑结构可靠性设计统一标准	GB 50068—2018
10	国家	电气装置安装工程 接地装置施工及验收规范	GB 50169—2016
11	国家	公共建筑节能设计标准	GB 50189—2015
12	国家	建设工程施工现场供用电安全规范	GB 50194—2014
13	国家	建筑地基基础工程施工质量验收标准	GB 50202—2018
14	国家	砌体结构工程施工质量验收规范	GB 50203—2011
15	国家	混凝土结构工程施工质量验收规范	GB 50204—2015
16	国家	屋面工程质量验收规范	GB 50207—2012
17	国家	建筑地面工程施工质量验收规范	GB 50209—2010
18	国家	建筑装饰装修工程质量验收标准	GB 50210—2018
19	国家	建筑给水排水及采暖工程施工质量验收规范	GB 50242—2002
20	国家	通风与空调工程施工质量验收规范	GB 50243—2016
21	国家	自动喷水灭火系统施工及验收规范	GB 50261—2017
22	国家	建筑电气工程施工质量验收规范	GB 50303—2015
23	国家	工程测量标准	GB 50026—2020
24	国家	建筑工程施工质量验收统一标准	GB 50300—2013
25	国家	建筑边坡工程技术规范	GB 50330—2013
26	国家	砌筑水泥	GB/T 3183—2017
27	国家	混凝土强度检验评定标准	GB/T 50107—2010
28	国家	绿色建筑评价标准	GB/T 50378—2019
29	行业	钢筋焊接及验收规程	JGJ 18—2012
30	行业	建筑机械使用安全技术规程	JGJ 33—2012
31	行业	施工现场临时用电安全技术规范(附条文说明)	JGJ 46—2005
32	行业	普通混凝土用砂、石质量及检验方法标准(附条文说明)	JGJ 52—2006
33	行业	普通混凝土配合比设计规程	JGJ 55—2011
34	行业	建筑工程冬期施工规程	JGJ 104—2011
35	行业	金属与石材幕墙工程技术规范(附条文说明)	JGJ 133—2001

序号	类别	标准、规范、规程名称	编号
36	行业	混凝土泵送施工技术规程	JGJ/T 10—2011
37	行业	混凝土小型空心砌块建筑技术规程	JGJ/T 14—2011

10.1.4　主要图集

主要图集　　　　　　　　　　　　　　　　　　　　表 10-2

类别	名称	编号
国家	混凝土结构施工图平面整体表示方法制图规则和构造详图(现浇混凝土框架、剪力墙、梁、板)	16G101—1
国家	混凝土结构施工图平面整体表示方法制图规则和构造详图(现浇混凝土板式楼梯)	16G101—2
国家	混凝土结构施工图平面整体表示方法制图规则和构造详图(独立基础、条形基础、筏形基础、桩基础)	16G101—3

10.1.5　主要法律、法规

《中华人民共和国民法典》《中华人民共和国建筑法》《中华人民共和国安全生产法》《中华人民共和国环境保护法》《中华人民共和国职业病防治法》《中华人民共和国环境噪声污染防治法》《建设工程质量管理条例》《建设工程安全生产管理条例》《房屋建筑工程质量保修办法》《××省建筑工程竣工验收及备案管理办法》《××省建筑装饰装修管理办法》等。

10.1.6　其他

其他现行的国家规范、法律、法规，地方、行业规程、规定及上级建设行政主管部门的要求，工程地质勘察报告、地区工程有关资源调研报告、工程周边环境调研报告等。

10.2 工程概况

10.2.1 工程主要情况

　　本工程为某学校实训楼，由某省建筑设计有限公司设计，为六层现浇钢筋混凝土框架结构，施工合同已签订，定于 2021 年 2 月 20 日开工，2021 年 9 月 10 日竣工。施工图已出齐，由某建设集团股份有限公司承包施工，承包方式为包工包料。

10.2.2 建筑设计概况

1. 设计简介

　　本工程为六层现浇钢筋混凝土框架结构（局部为五层），建筑设计使用年限类别为 50 年，建筑耐火等级为二级，总建筑面积 6985m²，建筑平面布局为 L 形（图 10-1）。室内外高差为 0.45m，层高为 3.6m，建筑物高度为 22.05m。

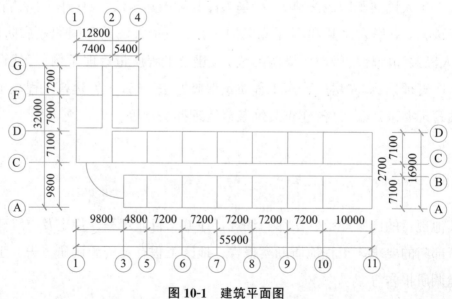

图 10-1　建筑平面图

2. 内外墙

地上部分外墙采用 250mm 厚加气混凝土墙，内墙采用 200mm 厚加气混凝土砌块。地下部分外墙采用 370mm 厚烧结普通页岩砖，内墙采用 240mm 厚烧结普通页岩砖。

3. 装饰装修

（1）室内装饰

楼地面：管道井为水泥砂浆楼面，其余为陶瓷地砖地面。

楼面：管道井、电梯机房为水泥砂浆楼面，厕所为仿瓷地砖防水楼面，水箱间为水泥砂浆防水楼面，其余为瓷砖楼面。

内墙：厕所为釉面砖墙面，其余为水泥砂浆墙面刷白色涂料。

顶棚：电梯机房、水箱间、管道井（无涂料）为水泥砂浆刷白色涂料，其余为轻钢龙骨纸面石膏板吊顶。

门窗：窗为塑钢窗，门为甲级防火门、丙级防火门（管道井）等。

（2）外墙装饰

一层为深灰色花岗石，二～六层为外墙面砖，其中一层门厅和其上各层休息厅的外墙均为淡蓝色镀膜隐框玻璃幕墙。

4. 屋面设计

屋面为Ⅲ级防水屋面，采用高聚物改性沥青防水卷材一道，自带保护层，55mm 厚挤塑聚苯乙烯泡沫塑料板保温层。

10.2.3　结构设计概况

该工程主体为现浇钢筋混凝土框架结构，抗震设防烈度为 7 度，建筑抗震设防类别为丙类，建筑安全等级为二级，基础类型为独立基础（局部为柱下条形基础），地基基础设计等级为丙级，抗震等级为三级。

混凝土垫层强度等级为 C20，基础及梁板柱楼梯为 C30，其余圈梁、构造柱等混凝土采用 C20。

钢筋为 HPB300、HRB335、HRB400 级钢筋，柱梁的纵向受力筋采用机械连接。

填充墙±0.000 以下为烧结普通页岩砖，M10 水泥砂浆砌筑，±0.000 以上为 M5 混合砂浆砌筑加气混凝土砌块。

10.2.4　自然条件

施工现场已经平整，地下水位较深，对施工没有影响。

施工期间主导风向为东南风，基本风压：$0.35kN/m^2$，雨季在七八月，地面粗糙度：C 类，基本雪压：$0.30kN/m^2$；最大冻深：$0.6m$。

10.2.5　施工条件

本工程处于教学区，紧邻教学楼与市区主干道，交通便利，施工现场交通运输比较方便，水电可直接与市区水电管网连接；办公室和生活临时设施也已修建，施工机具、施工队伍及其他施工准备工作均已落实，开工条件已具备。

10.3　施工部署与施工方案

10.3.1　施工部署

1. 管理目标

（1）质量目标：工程质量达到国家现行建筑工程施工质量验收规范要求的合格标准，并一次验收合格。

（2）安全目标：杜绝重大伤亡事故；一般事故发生频率 6‰以内；杜绝火灾事故。

（3）工期目标：本工程计划开工期为 2021 年 2 月 20 日，竣工日期为 2021 年 9 月 10 日，总工期 205 个日历天。

（4）文明施工及环保目标

达到省级文明工地标准；噪声排放达标，符合《建筑施工场界环境噪声排放标准》GB 12523—2011；现场控制扬尘，道路硬化，易扬尘的粉状物料库存或覆盖；污水排放达标；避免运输污染；建筑垃圾分类管理。

（5）信息管理目标

运用现代化施工信息管理手段，紧密结合国内外施工技术最新动向，提高信息管理能力。

（6）建筑节能目标

积极应用推广建筑节能技术，创国家级建筑节能示范工程。

2. 管理机构组成

项目管理层由项目经理、项目总工程师、项目副经理、技术负责人、施工员、测量员、安全员、质量员、材料员、资料员、机械员、防疫管理人员、安全环保人员和后勤主管等成员组成，在建设单位、监理单位和公司的指导下，负责对本工程的工期、质量、安全、成本等实施计划。组织、协调、控制和决策，对各生产施工要素实施全过程的动态管理。

3. 施工程序和施工流水段划分

（1）施工程序

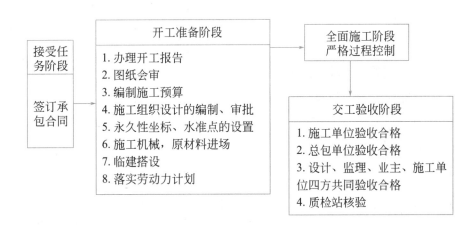

（2）施工顺序

施工顺序遵循先地下后地上、先结构后装修、先主体后安装、平行流水、交叉作业的原则，均衡、协调、有序地组织好本工程的施工。

定位放线（验线）→土方开挖→地基钎探→验槽→混凝土垫层施工→基础施工→基础回填土→主体结构→屋面工程→墙体砌筑→内外装修→设备

安装。

（3）施工流水段划分：根据工期目标、设计和资源状况，合理进行流水段的划分。流水段划分为基础阶段、主体阶段和装饰装修阶段三个阶段。

（4）施工工艺流程：根据工程建筑、结构设计情况以及工期、施工季节等因素，确定单位工程施工工艺流程。

4. 工程总体思路

（1）混凝土工程

本工程采用商品混凝土，混凝土的浇筑及运输以混凝土输送泵施工。

（2）模板工程

模板的设计体现大型化、系列化、通用性、整体刚度大、易操作，以保证混凝土结构具有较高的外观质量。所有梁、板、柱模板选用定型竹胶模板，模板由现场设计、加工、组装；所有梁柱交接处的节点模板，均统一制作定型模板。

（3）钢筋工程

本工程钢筋的供应必须按计划进场，钢筋加工机械的选择体现快捷、高效原则。为最大限度降低半成品在现场积压，钢筋加工制作必须与施工进度保持同步。

（4）脚手架工程

本工程模板支撑脚手架选用结构刚度比较大、施工快捷的钢管脚手架支承体系；外脚手架选用钢管双排脚手架，外围密目安全网封闭。

10.3.2　施工方案

1. 施工工艺流程

（1）基础工程施工工艺流程

测量放线→土方开挖→地基钎探→验槽→基础混凝土垫层→放线→预检→基础钢筋→柱插筋→各专业预埋→隐检→支基础模板→浇筑基础混凝土→养护→基础验收→土方回填→转入主体施工。

（2）主体结构施工工艺流程

放线→搭设满堂脚手架→绑扎柱钢筋→预留预埋→隐检→支柱模板→浇筑

混凝土→拆除柱模板→铺设梁底模板→绑扎梁钢筋→支梁侧模、铺设现浇板模板→绑扎现浇板钢筋→各专业预留预埋→检验（隐检）→现浇梁板混凝土浇筑→养护→放线（进入下一楼层施工）。

2. 施工段划分

（1）基础工程

土方开挖及垫层不分段，基础钢筋、模板、混凝土、砌筑、回填土以图 10-1 中的⑦轴为界分为两个施工段。

（2）主体工程

每层以图 10-1 中的⑦轴为界分为两个施工段，脚手架及拆除模板不分段，随施工进度进行施工。

（3）屋面工程

屋面工程不分段。

（4）装饰工程

内装修每层为一段，外装修自上而下一次完成。

3. 施工测量

在施工测量中要严格执行"测量组测设→测量复核→监理检核"的三级管理程序，高标准、严要求、高精度，为确保工程质量提供基本保证。

依据建设单位提供的用地红线图、地形图、定位坐标点及高程控制点，测出建筑物定位及标高控制网，编制测量作业指导书。

以按图施工和对工程进度负责为工作目的，遵守"先整体后局部"，高精度控制，再以控制为依据进行各部位定位放线；严格审核测量原始依据的正确性，坚持测量作业与计算步步有校核的工作方法；严格执行自检、互检后再由有关主管部门验线的工作制度。实测时当场做好原始记录，测后及时保护好桩位。

（1）总体平面坐标及轴线的控制

1）施工测量工作的组织及管理：成立专门的测量小组，设有两名专业测量员和两名测量工组成，所有的计算结果均由两名专业测量员复核计算。

2）测量仪器的选择：现场施测主要采用全站仪测出轴线控制网，局部放线采用直角坐标放样法，轴线由普通激光经纬仪测放。全站仪和经纬仪都经国家法定机关检测后使用，并由测量员定期进行自检。

3）工程轴线的建立：建立坐标控制网，在每个轴线上都建立坐标控制桩。

控制点设置时满足"稳定、可靠、通视"三个要求。

4）平面轴线控制网的测放：根据建设单位提供的城市坐标控制点和施工图纸上的城市坐标控制点，精确计算出角度和距离，定出一条控制轴线，并用此轴线用全站仪测出各轴线。

（2）竖向标高的控制

采用水准仪高程测量向基坑底进行标高传递，获得基底高程，经检查、复核进行闭合差调整后将标高基准点妥善保护。

（3）高程的竖向传递

结构施工时，为了避免标高传递出现上、下层标高超差，必须经常对控制点进行联测、复测、平差、检查校对后方可进行向上的标高传递。

（4）沉降测量控制

根据设计图纸要求设置沉降观测点，进行沉降观测，用精密水准仪采用往返测量法测量相对标高，得出沉降量，提交有关部门作为施工控制的参考。

（5）减小测量误差和提高测量精度保证措施

1）全站仪、经纬仪工作状态应满足：竖盘垂直；水平盘水平；望远镜上下转动时，视准轴形成一面必须是一个竖直平面。

2）用水准仪测量时，尽量使水准仪在两测点中间距离相等的位置。

3）控制轴线前，计算角度时，注意数值及角度的取值，计算步骤均仔细。

4）用全站仪测量距离时，要注意天气变化，如气温、气压、天气是否有雾等条件，并在晴天时应用遮阳伞保护仪器，测距多次往返测量取平均值。

5）操作各种仪器时，均按规程进行，不可操之过急，发生差错。测量值均应做好记录，测量记录应做到原始、正确、完整、工整；必须及时在规定的表格上填写记录；记录应当场填写清楚，不得转抄，保持记录"原始性"；字迹应清楚、工整。

6）使用钢卷尺操作前进行钢尺的鉴定误差，温度测定误差的修正，减少定线误差、钢尺倾斜误差、钢尺对准误差，读数误差等。

4. 施工方法及施工机械的选择

（1）土方工程

1）土方开挖

开挖前需向建设单位详细了解地下有无管线电缆等，如有则在其 1m 范围内人工开挖防止破坏。本工程基础采用按基底尺寸预留 500mm 工作面、按 1：0.33 坡度放坡的开挖方案。技术人员按照基础施工图将基础开挖上口线用白灰粉撒好，并在场区四周不易破坏位置上作标记，以备开挖过程中、开挖后测放边线，根据现场的土质情况和开挖深度放好边坡。工程开挖选用反铲挖土机一台，配备自卸汽车 6 台运土。开挖以机械为主并配以人工，施工前施工现场负责人向所有参加施工的人员进行有针对性的技术交底，必须使每个操作者对施工中的技术要求心中有数。开挖时，先进行试挖，并须加强对基土的保护，严禁扰动、破坏，机械开挖预留 200mm 厚，人工清理。挖完后，拉尺检查槽边各部位尺寸，修槽边、清理槽底，搭设上下基坑的马道。

2）钎探、验槽

土方开挖后应及时进行钎探验槽，验收合格后及时进行垫层施工。钎探采用人工打钎。工艺顺序如下：

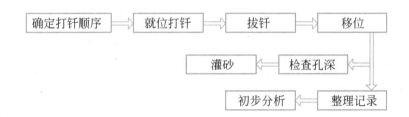

① 基坑开挖后，用锤把钢钎打入槽底的基土内，根据每打入一定深度的锤击次数，来判断地基土质情况。

② 钢钎直径 25mm，钎尖呈 60°尖锥状，长 1.8m，准备相同规格的十套。

③ 大锤用 10kg 铁锤，打锤时举高离钎顶 50cm，将铁锤自然下落垂直打入土中，并记录好每打入土层 30cm 的锤击数。

④ 钎探点布置间距 1.5m，呈梅花状布置，钎探时按钎探图标定的钎探点顺序进行，整理成钎探记录表，对锤击数显著过多或过少的点位重点分析，如有异常情况，如实记录、重点标注，提请勘察设计单位处理。

⑤ 钎探点位布置按平面图，图上注明探点位置、编号。

⑥ 钎探时按平面图标定的钎探点，分段的顺序进行，如实填好记录，以做好结果分析和设计处理。

⑦ 打完的钎孔，经过质量检查人员和监理工程师检查孔深与记录无误后，

即进行灌砂。灌砂时，每填入 30cm 左右时，可用钢筋棒捣实一次。

验槽自检重点注意以下两点：

① 挖槽结束后，检查槽壁土层分布情况及走向。

② 槽底土质是否挖至老土层，土的颜色是否均匀一致，土的坚硬程度是否一致，是否局部过松，有无含水量异常现象，土层行走是否颤动，有无枯井等。选择观察重点部位在柱基、基础角及其他受力较大部位。

3）回填土

基础验收、各专业预埋工作完成后，进行回填土施工。施工机械选择：土方运输采用铲运机、自卸汽车送至基槽，人工采用九齿耙、铁锹整平，蛙式打夯机夯实。铲运机、自卸汽车利用土方开挖使用的机械。

工艺流程：基底清理→检验土质→分层铺土→分层夯密实→检验密实度→修整找平验收。

① 填土前应将基坑（槽）底或地坪上的垃圾等杂物清理干净。基槽回填前，必须清理到基础底面标高，将回落的松散垃圾、砂浆、石子等杂物清除干净。

② 检验回填土的质量有无杂物，粒径是否符合规定，以及回填土的含水量是否在控制的范围内；如含水量偏高，可采用翻松、晾晒或均匀掺入干土等措施；如遇回填土的含水量偏低，可采用预先洒水润湿等措施，含水量控制在"手握成团、落地开花"的程度。

③ 回填土应分层铺摊。每层铺土厚度应根据土质、密实度要求和机具性能确定。一般蛙式打夯机每层虚铺土厚度为 250mm。每层铺摊后，随之耙平。

④ 回填土每层至少夯打三遍。打夯应一夯压半夯，夯夯相接，行行相连，纵横交叉。并且严禁采用水浇使土下沉的所谓"水夯"法。

⑤ 如分段填夯时，交接处应填成阶梯形，梯形的高宽比一般为 1：2 上下层错缝距离不小于 1m。

⑥ 基坑（槽）回填应在相对两侧或四周同时进行。基础墙两侧标高不可相差太多，以免把墙挤歪。

⑦ 回填土每层填土夯实后，应按规范规定进行环刀取样，测出干土的质量密度；达到要求后，再进行上一层的铺土。

⑧ 修整找平：填土全部完成后，应进行表面拉线找平，凡超过标准高程的地方，及时依线铲平；凡低于标准高程的地方，应补土夯实。

（2）钢筋工程

1）钢筋采购

钢筋按照图纸和规范要求抽出钢筋用量，分出规格和型号，由公司物资部负责采购并运到现场，钢筋应有出厂质量证明书或试验报告单一式两份，随料到达。钢筋采购严格按质量标准执行。

2）钢筋加工

钢筋加工按《混凝土结构工程施工质量验收规范》GB 50204—2015 和设计要求执行。

① 钢筋配料、下料

做配料单之前，要先充分读懂图纸的设计总说明和具体要求，然后按照各构件的具体配筋、跨度、截面和构件之间的相互关系来确定钢筋的接头位置、下料长度、钢筋的排放。钢筋加工前由技术部做出钢筋配料单，配料单要经过反复核对无误后，由项目总工程师审批进行下料加工。

② 钢筋加工

钢筋按部位、分构件分别码放，钢筋上挂牌，牌上写明规格、部位、数量、长度等。

3）钢筋接头位置及接头形式

① 钢筋的接头方式为柱、梁主钢筋采用机械接头，板钢筋采用绑扎搭接接头，钢筋绑扎接头位置应相互错开。

② 柱、梁、墙体竖向钢筋的接头位置宜设置在受力较小部位，且在同一根钢筋全长上宜少设接头。

③ 框架梁钢筋接头位置：接头位置下层筋在支座范围，上层筋在跨中范围内。

④ 框架梁：同一截面接头不得超过 25%，相邻接头间距不应小于600mm。钢筋接头不宜设置在梁端、柱端的箍筋加密区范围内。

⑤ 楼板：下层筋在支座范围搭接，上层筋在跨中范围搭接。加工好的成品钢筋要严格按照分楼层、分部位、分流水段和构件名称，分类堆放在使用分项工程周边堆料场。

4）钢筋运输与存放

① 钢筋半成品在运输时要按规格、品种分类堆放，防止混乱造成错用。

② 钢筋半成品在装卸时要轻拿轻放，防止出现钢筋半成品变形，影响钢筋的施工质量。

③ 钢筋运输时要提前计划好施工中所需的各种规格和数量，以便能及时满足施工进度的需要，不出现窝工现象。

④ 钢筋半成品的存放要按种类堆放，地面要硬化，防止钢筋被污染。

5）钢筋检验

钢筋进入加工场地后，应按批进行检查和验收。每批由同牌号、同炉罐号、同规格号、同交货状态的钢筋组成。每 60t 作为一个检验批，检验内容包括资料核查、外观检查和力学性能试验等。

钢筋取样和送样，要有监理人员在场，填好报表，监理人员要跟随试验工到有资格的试验室去送试。

6）钢筋连接

根据规范、设计图纸及同类工程的施工经验，钢筋的连接形式一般为：柱、梁钢筋采用直螺纹连接；其他直径钢筋连接采用绑扎连接（有特殊要求时采用焊接）。

钢筋连接作业条件：连接设备检测试合格，焊工及机械接头操作人员必须持证上岗。

钢套筒应有合格证及接头连接的形式检验报告，正式焊接及滚压套丝连接前，必须进行现场条件下钢筋焊接及接头连接性能试验，经外观检查，拉伸弯曲试验合格后方可正式施工。

7）钢筋绑扎

① 柱钢筋绑扎

a. 工艺流程：套柱箍筋→竖向钢筋连接→画箍筋间距线→绑扎箍筋→验收。

b. 按照图纸要求间距，先将箍筋套在下层伸出的主筋上，然后连接立柱钢筋、竖向钢筋。

c. 柱箍筋绑扎：在立好的柱子主筋上，用粉笔画出箍筋间距，再将已套好的箍筋往上移动，由上往下采用缠扣绑扎。

② 框架梁钢筋绑扎

a. 工艺流程：画主次梁箍筋间距→摆放主次梁钢筋→穿主梁底层纵筋并与箍筋固定→穿次梁底层纵筋并与梁箍筋固定→穿主梁上层纵向架立筋→绑扎箍筋→绑扎主梁底层纵向筋→穿次梁底层纵向筋→绑扎箍筋。

b. 在梁底模板上画箍筋间距后摆放箍筋。穿梁的上下部纵向受力筋，先绑上部纵筋，再绑下部纵筋。梁上部纵向钢筋贯穿中间接点，梁下部纵向钢筋伸入中间节点要保证锚固长度。

c. 绑扎箍筋：梁端第一个箍筋在距离柱边 50mm。按图纸和规范要求在梁端箍筋部位进行加密。

d. 梁的受力筋为双排时，可用短钢筋垫在两层钢筋之间。

③ 楼板钢筋绑扎

a. 工艺流程：清理模板→模板上画钢筋位置线→绑扎下层受力筋→绑扎上层负筋→放垫块→验收。

b. 清扫模板上刨花、碎木、电线管头等杂物。用粉笔在模板上画好主筋、分布筋间距。按画好的间距，先摆放受力主筋，后摆放分布筋，预埋件、电线管、预留孔等要及时配合安装。

c. 在管线预埋固定后，绑扎负弯矩筋，每个扣都要绑扎。

d. 在主筋下垫塑料卡，以保证保护层厚度。

④ 楼梯钢筋绑扎

a. 工艺流程：画位置线→绑扎主筋→绑扎分布筋→绑扎踏步筋→验收。

b. 在楼梯段底模板上画出主筋和分布筋的位置线。

c. 先绑扎主筋后绑扎分布筋，每个交点都要绑扎。休息平台处，先绑梁筋后绑板筋，板筋锚固到梁内。

d. 底板筋绑完后，待踏步模板吊绑支好后，再绑踏步钢筋。

（3）模板工程

模板采用全新竹胶模板。模板之间及其与基体间的间隙采用透明胶带和双面胶密封条封闭，以确保不漏浆。采用成品脱模剂。支撑结构为 $\phi 48$ 钢脚手管、扣件搭设。模板按早拆体系要求备足三层的需用量。

模板现场加工，加工模板的工作面必须平整和有足够的强度。板接缝采用硬拼缝，在接缝处附加一根 50mm×100mm 的木方。模板堆放必须在其下部垫三根 100mm×100mm 的木方，堆放高度不大于 1.5m，随加工随用。

1）柱采用竹胶模板加工制作施工方法

根据设计图纸（图 10-2），方柱由四块 15mm 厚木制多层板根据柱几何尺寸现场加工拼装，用 50mm×100mm 方木作竖肋，100mm×50mm×3mm 方钢作柱箍，采用钢管斜撑。

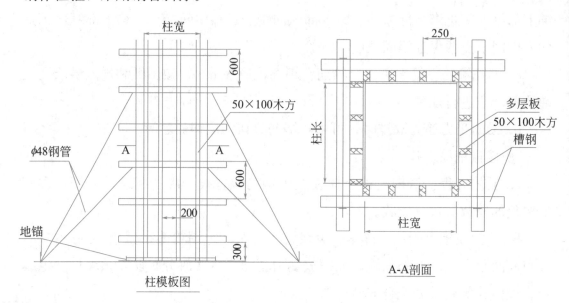

图 10-2 柱模板示意图

2）梁板模板

梁板模板采用 15mm 多层板为面板，背楞及搁栅采用 50mm×100mm 方木。

顶板搁栅采用中距为 300mm 的 50mm×100mm 木方。搁栅托梁采用 100mm×100mm 木方，楼板厚 $h \leqslant 200$ 时，其中距为 1200mm；楼板厚 $h > 200$ 时，其中距为 900mm。

梁底模为 15mm 厚多层板，纵向配 50mm×100mm 方木，梁宽 $b < 600$ 时，配 3 道，横向用碗扣式脚手架支撑，间距为 900mm。梁侧模为 15mm 厚多层板，配 50mm×100mm 方木，其间距配置要求为：梁高 $h < 1000$ 时，配 3 道；梁高 $h \geqslant 1000$ 时，配 4 道。

梁板均采用早拆养护支撑，当混凝土强度达到设计强度 50% 时，即可拆去部分支撑，只保留养护支撑不动。

本工程梁支撑采取快拆体系，可减少措施上的支撑点数量，保证模板的快速周转。结合本工程特点，在框架梁及次梁下设三个支撑点，同板的支撑点一起构成本层支撑。

① 梁模板支设安装顺序

复合梁底标高校正轴线位置→搭设梁模支架→安装梁木方→安装梁底模板→绑扎梁钢筋→安装两侧模板→穿对拉螺栓→按设计要求起拱→拧紧对拉螺栓→复合梁模尺寸、位置→与相邻梁模连接牢固。

a. 复核梁底标高，校正轴线位置无误后，搭设和调平梁模支架（包括安装水平拉杆和剪刀撑），固定木方横楞，再在横楞上铺放梁底板。然后绑扎梁钢筋，安装并固定两侧模板。有对拉螺栓时插入对拉螺栓，并套上套管。安装钢楞拧紧对拉螺栓，调整梁口平直。采用梁卡具时，夹紧梁卡具，扣上梁口卡。

b. 由于框架梁都大于规范规定的 4m 要求，因此支模前必须按照 2‰ 起拱。

c. 梁口与柱头模板采用定型模板。

d. 多层支架时，应使上下支柱在一条垂直线上。

e. 模板支柱、纵横方向的水平拉杆、剪刀撑等，按设计要求布置。支柱间距 1.2m，纵横方向的水平拉杆的上下间距不宜大于 1.5m，纵横方向的垂直剪刀撑的间距不宜大于 6m。

② 楼板模板安装顺序

弹控制标高线→支立杆→沿支柱 U 托安放 100mm×100mm 主龙骨→铺 50mm×100mm 次龙骨→15mm 厚竹胶板→顶板模板安装→模板验收。

a. 单块就位组拼时，每个节间从四周先用阴角模与墙、梁模板连接，然后向中央铺设。

b. 采用钢管脚手架作支撑时，在支柱高度方向每隔 1.5m 设一道双向水平拉杆。支撑与地面接触处应夯实并垫通长脚手板连接。

c. 拉通线，支设、校正和检查墙体的轴线与模板的边线。

d. 在竖向钢筋上测设楼层 1.0m 线，以控制模板安装高度，检查模板标高。

e. 清扫：合模之前先进行第一次清扫，合模后用压缩空气或压力水第二次清扫。

f. 模板支设严格按模板配置图支设，模板安装后接缝部位必须严密，为防止漏浆可在接缝部位加贴密封条。底部若有空隙，应加垫 10mm 厚的海绵条，让开柱边线 5mm。

③ 模板的拆除

非承重侧模应以能保证混凝土表面及棱角不受损坏（大于 $1N/mm^2$）方可拆除，承重模板应按《混凝土结构工程施工质量验收规范》GB 50204—2015 的规定执行。混凝土浇筑完毕，将同条件下养护的混凝土试块送实验室试压，根据实验室出具的强度报告，决定模板的拆除时间和措施。拆模时，一般应遵循"先浇筑完先拆"的原则进行。梁、板模板和支撑在混凝土强度达到设计强度值后拆除。墙模、柱模一般在浇筑完 12h 后即可进行拆模。

模板拆除的顺序和方法，应按照配板设计的规定进行，遵循"先支后拆、后支先拆，先非承重部位、后承重部位以及自上而下"的原则。

（4）混凝土工程

本工程混凝土需求量很大，结构施工全部采用商品混凝土，以泵车输送，同时配备一辆汽车泵解决临时需要。

1）材料进场验收

按规定进行进场检测，如坍落度、温度等和试块留置等工作。

2）作业条件

① 钢筋工程的隐蔽、模板工程的预检、预埋件（包括钢板止水带、构造柱上端埋件等）工程的预检、安装工程等相关验收项目已经完成（经监理方签认）。

② 混凝土浇筑（必须有资料员、质检员、混凝土责任工程师、现场经理确认）、开盘鉴定等相关准备资料签认完毕。

③ 施工缝处混凝土表面必须满足下列条件：已经清除浮浆、剔凿露出石子、用水清洗干净、湿润后清除积水、松动砂石和软弱混凝土层已清除、地下结构外墙钢板止水带均已安装、已浇筑混凝土强度不小于 1.2MPa（通过同条件试块来确定）。

④ 钢筋的油污、混凝土等杂物清理干净。木板上的湿润工作已完成（但不得有明水）。

⑤ 混凝土泵、泵管铺设、承台或塔式起重机准备好。浇筑混凝土的人员

（包括试验、水电工、振捣工等）、机具（包括振动棒、电箱等）、冬雨等季节性施工的保温覆盖材料、水、电（需要调试的必须预先调试好）等已安排就位。

⑥ 浇筑混凝土用的架子及马道已支搭完毕并经检查合格。

⑦ 对商品混凝土厂家提出混凝土配合比及相关参数要求。准备工作完毕，具备向现场输送混凝土条件。

⑧ 工长根据施工方案对操作班组已进行全面施工技术交底。混凝土浇灌申请书已被批准。

3）混凝土浇筑

① 混凝土的分层浇筑

做到按操作规程、方案和技术交底规定的要求，采用测杆检查分层厚度。垫层厚度为 100mm 厚，分两层，50mm 一层，测杆每隔 50mm 刷红蓝标志线，测量时直立在混凝土上表面，以外露测杆的长度来检验分层厚度，并配备检查、浇筑用照明灯具，分层厚度满足规范要求。

② 柱混凝土浇筑前的接浆

柱混凝土浇筑前必须接浆处理。采用同配合比砂浆，均匀地浇灌入柱，厚度控制在 5～10cm 厚。严禁无接浆浇筑混凝土。

③ 混凝土坍落度的测试

混凝土坍落度必须做到每车必试，试验员负责对当天施工的混凝土坍落度实行测试，混凝土责任工程师组织人员对每车坍落度测试，负责检查每车的坍落度是否符合商品混凝土技术要求，并做好坍落度测试记录。

④ 混凝土的和易性和凝结时间

a. 及时检查混凝土凝结时间及和易性是否能满足工程需要。如和易性不能满足要求，立即退回混凝土，不能加水；如混凝土流动性过大，可能造成混凝土离析等现象，立即退回混凝土。

b. 当混凝土施工时，应准确掌握混凝土初凝时间，在混凝土初凝前浇筑完成。

⑤ 各分项混凝土的浇筑方法

梁、板混凝土浇筑：

a. 梁、板同时浇筑，浇筑方法由一端开始用"赶浆法"，即先浇筑梁，根据梁高分层浇筑成阶梯形，当达到板底位置时再与板的混凝土一起浇筑，随着阶梯形不断延伸，梁板混凝土浇筑连续向前进行。

b. 梁柱节点钢筋较密时，浇筑此处混凝土用小粒径石子同强度等级的混凝土浇筑，并用振动棒振捣。

c. 浇筑板混凝土的虚铺厚度略大于板厚，用平板振捣器垂直浇筑方向来回振捣，或用插入式振捣器顺浇筑方向拖拉振捣，并用铁插尺检查混凝土厚度，振捣完毕后用刮杠将表面刮平，再用木抹子抹平。浇筑板混凝土时不允许用振捣棒铺摊混凝土。混凝土面一次抹平后，在初凝前，进行二次抹面，将表面用木抹子压实抹平，用笤帚扫出细纹。

楼梯段混凝土浇筑：

a. 楼梯段混凝土自下而上浇筑，先振实底板混凝土，达到踏步位置时再与踏步混凝土一起振捣，不断连续向上推进，并随时用木抹子（或塑料抹子）将踏步上表面抹平。

b. 施工缝位置：楼梯混凝土宜连续浇筑完，多层楼梯的施工缝应留置在楼梯段 1/3 的部位。

⑥ 混凝土振捣

混凝土振捣设专人振捣，快插慢拔，避免撬振钢筋、模板，每一振点的振捣延续时间，使混凝土表面呈现浮浆和不再沉落，一般为 20～30s，要避免过振产生离析。一般每点振捣时间视混凝土表面呈水平不再显著下沉、不再出现气泡、表面泛出灰浆为准。当采用插入式振捣器时，捣实普通混凝土的移动间距，不宜大于振捣器作用半径的 1.5 倍。

4）混凝土养护

① 对于梁板等水平构件采用覆盖浇水养护

在平均气温高于 5℃的自然条件下，用覆盖材料对混凝土表面覆盖并浇水养护，使混凝土在一定时间内保持水化作用所需要的适当温度和湿度条件。

② 对于墙体混凝土采用薄膜养生液养护

梁柱拆模后及时用塑料薄膜进行覆盖养护，防止脱水太快混凝土开裂；养护时间不少于 7d，掺加早强剂的不少于 14d。混凝土施工完后，要注意成品保护，20h 内不得上人操作。

（5）砌体工程

1）工艺流程：抄平→放线→立皮数杆（划线）→摆砖→盘角→挂线→砌筑。

2）凡楼板基层标高偏差大于 20mm 的，提前用 C20 细石混凝土找平。

3）放线：外墙放轴线，内墙放边线，将皮数杆固定在柱身或在柱身划线。

4）砖浇水：砖必须在砌筑前一天浇水湿润，以水浸入四边 1.5cm 为宜，含水率为 10%～15%。

5）排砖摞底：摆砖应注意搭接及门窗洞口，每层砌块墙体下部 0.3m 设砖防潮，防潮砌体双面挂线，其余砌体单面挂线，卫生间等有防水要求的房间需做混凝土反沿。填充墙的墙体底部、顶部其他部位不得随意与其他块材混砌。

6）留槎：隔墙与纵墙不同时砌筑时，留阳槎，加预留拉结筋、施工洞口上必须设置过梁，沿墙高预埋拉墙钢筋，隔墙顶端按设计要求塞实处理。

7）墙体拉结筋：墙体拉结筋沿墙高每 500mm 设置一道，贯通设置，不得错放、漏放。

8）砌筑砂浆：现场搅拌，搅拌时严格按实验室出具的配比单进行，砂子等原材料应严格进行计量控制。

（6）装饰装修工程

1）内装修工程的施工程序：放线→安装门窗口、各专业主管道→墙面冲筋→门窗口塞缝→墙面抹灰→楼地面→门、窗扇安装→油漆、粉刷→清理卫生。

2）一般抹灰工程

① 作业条件

对主体结构工程进行核查验收，并取得结构验收手续后，方可进行抹灰工程。

a. 砌块墙体整修完毕，完成门窗框、隔断墙、水暖、电气、管线、消火栓箱、配电箱柜、有关埋件、木砖等安装埋设工作。

b. 抹灰前对墙体上被剔凿的管线槽、洞进行整修完善。检查门窗框位置是否正确，安装连接是否牢固，门窗框与墙体之间的缝隙应用 1：3 水泥砂浆或 1：1：6 水泥混合砂浆嵌塞严实。

c. 按抹灰墙面的高度，支搭好抹灰用脚手架、高凳。操作平台及架木应离开墙面及门窗口 200～250mm，以利操作。架木要稳定、牢固、可靠。

d. 冬期施工时，抹灰砂浆及防裂剂应有保温措施，操作场所做好防寒、防冻设施。温度不宜低于 5℃。

② 操作工艺

a. 工艺流程：基层处理→洒水润湿→贴灰饼、冲标筋→踢脚板→抹门窗口水泥砂浆护角→抹底子灰→喷洒头遍防裂剂→修抹墙面上的箱、槽孔洞→抹罩面灰→喷洒两遍防裂剂。

b. 基层处理：抹灰前检查加气混凝土墙体，对松动、灰浆不饱满的拼缝及梁、板下的顶头缝，用掺用水量 10％的 108 胶素水泥浆填塞密实。将露出墙面的灰刮净，墙面的凸出部位剔凿平整。墙面坑洼不平处、砌块缺棱掉角的以及剔凿的设备管线槽、洞，应用水泥浆整修密实、平顺。用托线板检查墙体的垂直偏差及平整度，将抹灰基层处理完好。

c. 洒水湿润：将墙面浮土清扫干净，分数遍洒水湿润。遇风干天气，抹灰时墙面仍干燥不湿，应再喷一遍水，以免出现空鼓、裂缝。喷水后立即刷一遍掺用水量 20％的 108 胶素水泥浆，再开始抹灰。

d. 贴灰饼、冲标筋：用托线板检测一遍墙面不同部位的垂直、平整情况，以墙面的实际高度决定灰饼和冲筋的数量。一般水平及高度距离以 1.8m 为宜。用 1：1：6 水泥石灰混合砂浆，做成 $100mm^2$ 的灰饼。灰饼厚度以满足墙面抹灰达到垂直度的要求为宜。上下灰饼用托线板找垂直，水平方向用靠尺板或拉通线找平，先上后下。保证墙面上、下灰饼表面处在同一平面内，作为冲筋的依据。

e. 抹水泥砂浆踢脚板、墙裙：在抹水泥砂浆的高度范围内，刷一遍掺用水量 10％的 108 胶素水泥浆，立即抹 1：1：6 混合砂浆底子灰，厚约 5mm；第二遍（中层灰），与所冲筋抹平表面用木抹子搓毛。在中层灰达到五、六成干时，用 1：1：5 水泥混合砂浆抹罩面灰，抹平、压光，上口用靠尺切割平齐。

f. 抹门窗口水泥砂浆护角：室内门窗口的阳角和门窗套、柱面阳角，均应抹水泥砂浆护角，其高度不得小于 2m，护角每侧包边的宽度不小于 50mm，阳角、门窗套上下和过梁底面要方正。操作方法仍是先刷好一遍掺用水量10％的 108 胶素水泥浆，用 1∶1∶6 水泥混合砂浆打底；第二遍用 1∶0.5∶3 的水泥混合砂浆与标筋找平。做护角要两面贴好靠尺，待砂浆稍干后再用素水泥膏抹成小圆角（用角铁捋子），护角厚度应超出墙面底灰一个罩面灰的厚度，成活后与墙面灰层平齐。

g. 抹底子灰：墙面刷好掺用水量 10％的 108 胶素水泥浆以后应及时抹灰，不得在素水泥浆风干后再抹灰，否则，不利于基层粘结。抹灰时不要将标筋碰坏。第一遍抹混合砂浆，配合比为 1∶1∶6，厚度 5mm。扫毛或划出纹线，养护，待干后，再抹 1∶3 石灰砂浆。用托线板检查，要求垂直、平整，阴、阳角方正，顶板、梁与墙面交角顺直。

h. 修抹墙面上的箱、槽、孔洞：当底灰找平后，应立即把暖气、电气设备的箱、槽、孔洞口周边 50mm 的底灰砂浆清理干净，抹灰时比墙面底灰高出一个罩面灰的厚度，确保槽、洞周边修整完好。

i. 喷洒防裂剂：当底子灰抹完后，立即用喷雾器将防裂剂直接喷洒在底子灰上，防裂剂要喷洒均匀、不漏喷，亦不宜过量、过于集中。防裂剂喷洒 2～3h 内不要搓动，以免破坏表层结构。

j. 抹罩面灰：混合砂浆罩面，抹 1∶0.5∶3 水泥混合砂浆罩面，厚 5mm。分两遍成活，同样在底子灰五、六成干时，开始抹罩面灰，底灰上刷掺用水量10％的 108 胶素水泥浆，抹水泥混合砂浆，抹平、压实、赶光。

3）涂料工程

① 材料要求

腻子及涂料要有出厂证明及环保质量检测报告。

② 作业条件

a. 基层干燥，含水率不大于 8％。

b. 门窗玻璃安装完毕，湿作业的地面施工完毕，管道试压完毕。

c. 施工前做好样板间并检验合格。

d. 与门窗框、吊顶等与其交接的部位粘贴美纹纸胶带，做好成品防护。

③ 工艺流程

基层处理→嵌、批腻子→打第一遍砂纸→刮第二遍腻子→打第二遍砂纸→

刷第一遍漆→打砂纸→刷第二遍漆→打砂纸→刷第三遍漆。

④ 施工要点

a. 基层处理：将基层灰尘、油污和灰渣清理干净。用白水泥（或大白粉）、滑石粉与 108 胶调腻子，补平基层表面的凹凸不平，干透后用砂纸磨平，然后满刮腻子，待干燥后用 1 号砂纸打磨平整，并清除浮灰。

b. 涂刷第一遍涂料：先将基层仔细扫干净，用布将粉尘擦净。涂刷顺序自左向右。涂料使用前应搅拌均匀，根据基层及环境温度情况，可加 10% 水稀释，以防头遍涂料施涂不开。干燥后复补腻子，待干透后，用 1 号砂纸磨光，并清扫干净。

c. 涂刷第二遍涂料：操作要求同第一遍漆涂料，涂刷前要充分搅拌。

d. 涂刷第三遍涂料：操作要求同第二遍涂料。由于漆膜干燥较快，应连续迅速操作，涂刷时从左端开始，逐渐涂刷向另一端。

4）瓷砖楼地面

① 施工要点

a. 将基层清理干净，表面灰浆更要铲掉、扫净。

b. 刷水泥砂浆结合层：在清理好的地面上均匀洒水，然后用扫帚均匀洒水泥砂浆，厚度 5mm，与下道工序必须紧密配合。

c. 做干硬性水泥砂浆找平层：先做灰饼，以墙面水平线为准，灰饼上表面应低于地面标高一个防滑地砖厚度。然后在房间四周冲筋，房间中间每隔 1m 冲筋一道。有泛水房间，冲筋应朝地漏方向呈放射状。

冲筋后，用 1∶3 干硬性水泥砂浆铺设，干硬程度以"手捏成团，落地开花"为准，厚度为 20～25mm，砂浆应拍实，用拉尺刮平，要求表面平整并找出泛水。

d. 铺贴地砖：对铺设的房间检查净空尺寸，找好方正，在找平层上弹出方正的垂直控制线。按施工大样图计算出所要铺贴的张数。

e. 拨缝：及时检查缝隙是否均匀，不均匀处将其调整后，用木拍板拍实，再用锤子敲拍板，并及时将缺少的防滑地砖粘贴补齐。

f. 灌浆：拨缝后，用与地砖颜色的水泥素浆擦缝，并及时将地砖表面的素灰清理干净。

g. 养护：地砖地面擦缝 24h 后，应对其进行养护，满足要求后方准上人。

5) 外墙外保温工程

① 施工准备

材料进场严格进行验收并办理验收手续，先做样板墙，经验收合格后才能大面积展开施工；聚苯板粘贴先做拉拔实验，经验收合格后进行下道工序施工。每道工序做自检和验收记录，并办理签字手续。

外墙和外门窗口施工及验收完毕，基面洁净无突出部分。

② 操作工艺

工艺流程：基层处理→粘贴聚苯板→聚苯板打磨→涂抹面胶浆→铺压玻纤网→涂抹面胶浆→嵌密封膏→验收。

基层墙体清理干净，墙表面没有油、浮尘、污垢等污染物或其他妨碍粘结的材料，并剔除墙面的凸出物，凹陷部分用聚合物砂浆修补平整，外墙脚手眼封堵严密。

6) 防水工程

① 屋面施工工艺流程：基层清理→附加层施工→铺贴卷材→蓄水试验→铺设保护层。

② 施工要点：

a. 贴附加层：对于阴角、管道根部以及变形缝等部位应做增强处理。

b. 铺贴卷材：铺贴防水层前在基层面上弹线，作为掌握铺贴的标准线，使其铺设平直。

③ 卫生间等防水工程

本工程卫生间等采用防水涂料。

施工流程：基层清理→配料→涂料施工→验收→蓄水试验→施工保护层。

施工方法：

a. 基层处理：基层平整、牢固、干净、无渗漏。不平处须先找平；渗漏处须先进行堵漏处理；阴阳角应做成圆弧角。涂膜之前先将基层充分湿润。

b. 配料：按规定的比例取料，用搅拌器充分搅拌均匀，并及时用于施工中。

c. 涂料施工：采用涂刷法施工。

d. 验收：防水层不得出现堆积、裂纹、翘边、鼓泡等现象；涂层厚度不得低于设计厚度。

e. 蓄水试验：涂层完全干固后方可进行蓄水试验，一般情况下需 48h以上。

（7）主要机具装备

主要机具装备见表 10-6。其他未计划的机械设备到租赁公司进行租赁。

（8）技术组织措施

1）质量保证措施

① 结构工程保护措施

a. 定位、轴线引桩、水准点不得碰撞，要用混凝土浇筑保护，对道路、管线应进行加固并注意观测检查。

b. 回填土防止铺填超厚或灰土配合比不准确，回填完后防止雨淋、浸泡。

c. 运输模板慢运轻放，不准碰撞已完成的结构，并注意防止变形，拆模时不得用大锤硬砸或撬棍硬撬，以免损伤混凝土表面棱角，拆除后发现模板不平或缺损应及时修理，使用中加强管理，分规格堆放，钢模板及时刷防锈漆。

d. 钢筋绑扎后禁止踩踏，禁止碰动预埋铁及洞口模板，安装电管、暖管或其他设施时不得任意切断和碰动钢筋，成型钢筋按指定地点堆放，垫好垫木。

e. 钢筋焊接后不准砸钢筋接头，不准往刚焊好的接头上浇水。焊接时搭好架子，不准踩踏其他已绑好的钢筋。

② 装修及安装工程保护措施

装修阶段，需防止后期装修作业对前期结构的破坏，对装修过程中需与原结构进行连接处理的，要认真处理连接节点，各施工人员在没有技术人员的技术交底情况下，无权对结构进行连接处理。

a. 装饰用成品、半成品等在装运过程中，要轻装轻放，搭拆脚手架时不要破坏已完工墙面和门窗口角，运输装饰用成品、半成品等物品、砂浆的手推车要平稳行驶，防止碰撞墙体。

b. 对暖卫、电气管线及其预埋件，要注意保护不得碰撞损坏，设备槽孔以预留为主，尽量减少剔凿，不得乱剔硬凿，水电剔凿必须技术员同意方可进行，如造成墙体砌块松动，必须进行补强处理。

c. 抹灰时注意保护门窗框，尽量不要把砂浆抹到上面，如果门窗框处抹了少量砂浆应及时清理干净，铝合金门窗上的砂浆等污物要及时清理，并用洁净的棉丝将框擦净。

d. 刷油漆时应注意油漆范围，不能随处乱抹，防止污染墙面，且不可蹬踩窗台、损坏棱角。

e. 防水层施工后尽快进行保护层施工，不应长期暴露，更不允许穿钉鞋在上面踩踏和堆放杂物，以防破坏防水层。

f. 楼地面施工时，应保护好电器等设备暗管，不得碰撞门框和墙面。

g. 地漏、出水口等部位安装好的临时堵头要防止阻塞和灌入杂物。

总之，成品保护工作非常重要，不仅能省工省料，而且体现了施工单位管理人员素质、文明施工和确保了工程质量。

2）季节性施工措施

① 雨期施工措施

本工程主体施工经过雨季，现采取如下措施：

a. 根据天气变化，妥善安排施工内容采取相应措施。

b. 现场运输道路提前加固，道路碾压密实，雨季设置排水沟，适时针对现场制定合理有效的排水措施，保证现场无积水，各种材料顺利进场。

c. 现场材料设有防雨措施，材料堆放在高于自然地坪 50cm 以上，防止受水浸泡或泥水污染。

d. 根据天气情况随时测定砂、石含水率，及时调整施工配合比。

e. 水泥要防止受潮，上表面铺油毡防潮层，屋面应做防水层。加强水泥库的管理工作。

f. 如遇天气变化，大雨来临时，用塑料布遮盖外表面层强度不够的部位，并应暂时停止施工。

g. 现场电气和机械设备搭设防雨棚或加防雨罩，要有防风、防雷措施。

h. 安全员应加强对用电设施机械设备的检查，以免发生事故。

i. 大雨过后，应对现场进行检查，发现问题及时处理，检查合格后方可施工。

j. 配电箱及机电设备应有防雨罩。加强用电安全。应定期认真检查电路，消除隐患。雨季电工 24h 值班检查。

k. 土方、混凝土施工要注意天气预报，避开连绵阴雨时期施工，工地应储备部分塑料薄膜，施工中一旦遇雨，可及时覆盖。

l. 施工中及时掌握天气变化情况，在雨季来临前筛好砂子备用，水泥、白灰膏每天下班前派专人负责苫盖。

m. 做好材料准备，防止雨天不能进料及砂子含水量大不能过筛。

n. 准备好雨期施工用机具，如：水泵、胶皮管等。

② 冬期施工措施

a. 冬季浇筑的混凝土，在冻结前，当采用普通硅酸盐水泥配置的混凝土时，其临界抗冻强度不低于设计混凝土强度等级的 30%；当采用矿渣硅酸盐水泥、粉煤灰硅酸盐水泥、火山灰质硅酸盐水泥、复合硅酸盐水泥时，其受冻临界强度不应小于设计混凝土强度等级的 40%。

b. 混凝土的入模温度不应低于 5℃，当不符合要求时，应采取措施进行调整。

c. 混凝土运输与输送的机具应进行保温或具有加热装置。泵送混凝土在浇筑前应对泵管进行保温，并应采用与施工混凝土同配比的砂浆预热。

d. 混凝土在浇筑前，应清除模板和钢筋上的冰雪和污垢。

10. 4 施工进度计划

根据施工方案及有关施工条件和工期要求等，调整后制定进度计划。横道计划见附表 1，网络计划见附图 1。

10. 5 各种资源需要量计划

根据施工图纸、施工方案及进度计划，各项资源需要量计划见表 10-3～表 10-7。

工程测量仪器需要量计划　　　　　　　　　　　　　　　　表 10-3

序号	设备名称	规格	数量	序号	设备名称	规格	数量
1	全站仪	Topcon-601	1	4	水准仪	S3	3 台
2	激光铅直仪	DZJ2	1 台	5	50m 钢尺	50m	5 把
3	电子经纬仪	TDJ2	2 台	6	塔尺	5m	5 把

工程检测仪器需要量计划　　　　　　　　　　　　　　　　表 10-4

序号	名称	数量	序号	名称	数量
1	砂浆试模	4 组	8	台秤	2 个
2	混凝土试模	10 组	9	环刀	5 组
3	抗渗试模	4 组	10	靠尺	5 把
4	坍落度检查筒	1 个	11	塞尺	5 把
5	砂浆稠度仪	1 个	12	线锤	15 个
6	回弹仪	1 个	13	角尺	8 把
7	电热干燥箱	1 个			

主要材料需要量计划表　　　　　　　　　　　　　　　　表 10-5

序号	名称	规格型号	单位	数量	备注
1	陶瓷地砖	800×800	m²	5977.48	室内装修前进场
2	钢筋	Φ20 以内	t	144	按进度分批进场
3	钢筋	Φ10 以内	t	124	按进度分批进场
4	钢筋	Φ20 以外	t	59	按进度分批进场
5	商品混凝土	C30	m³	2120	按进度分批进场
6	加气混凝土砌块		m³	1134	按进度分批进场
7	面砖	240×60	m²	3364	按进度分批进场
8	陶瓷地砖	500×500	m²	1025	按进度分批进场
9	轻钢龙骨不上人型(平面)	600×600	m²	5735	按进度分批进场
10	花岗石板	500×500	m²	19	按进度分批进场
11	大理石板	500×500	m²	92	按进度分批进场
12	聚苯乙烯塑料板(30 厚)	55 厚	m²	3749	按进度分批进场
13	水泥	32.5(砂浆用)	t	248	按进度分批进场
14	瓷砖	200×200	m²	642	按进度分批进场

续表

序号	名称	规格型号	单位	数量	备注
15	普通石膏板	500×500×9	m²	5934	按进度分批进场
16	高聚物改性沥青防水卷材	1.0m×12m	卷	120	使用前15d进场
17	成型塑钢门窗框	见门窗表	樘	402	按进度分批进场

拟投入的主要施工机械设备表 表 10-6

序号	设备名称	型号规格	数量	产地	制造年份	额定功率(kW)	生产能力	施工用途
1	挖掘机	PC240LC-8	2	山东	2020	125	1.2m³	土方开挖
2	自卸汽车	30t	6	河北	2020	—	25m³	土方运输
3	推土机	ZL50	1	江苏	2019	162	3m³	土方运输
4	塔式起重机	QTZ63	1	山东	2019	52.6	最大8t	结构工程
5	施工电梯	SC200	1	河北	2019	66	—	砌筑、装修
6	钢筋调直机	LGT4-14	2	河北	2021	11.5	4～14mm	钢筋加工
7	钢筋直螺纹机	CX-40	2	山东	2021	3	16～32mm	钢筋加工
8	钢筋弯曲机	GW40	2	山东	2021	4.5	6～40mm	钢筋加工
9	钢筋切断机	QJ40	2	河北	2020	4.5	6～32mm	钢筋加工
10	交流电焊机	BX-500	8	上海	2019	32.5kVA	—	焊接作业
11	直流电焊机	ZX7-500	8	辽宁	2019	12kVA	—	焊接作业
12	气焊设备	氧气-乙炔	4	河北	2020	—	—	焊接作业
13	振捣棒	ZN50	10	河北	2021	1.1	2840r/min	混凝土振捣
14	平板振捣器	ZF18	2	河北	2021	0.18	2.3mm	混凝土振捣
15	蛙式打夯机	HW-60	5	河北	2020	3	—	回填土
16	木工刨床	MB504B	1	河北	2020	3	400mm	模板加工
17	木工圆锯机	MJ-105A	1	河北	2021	4	500mm	模板加工
18	木工压刨	MB104-1	1	河北	2020	4	400mm	模板加工
19	空气压缩机	YW9/7	1	河北	2020	7.5	—	作业面清理
20	打压泵	DSY	2	上海	2021	0.25	220L/h	管道试压
21	台钻	Z516	2	浙江	2020	0.55	16mm	装修施工
22	角钢切断机	CAC-110	2	浙江	2020	1.5	10×110	装修施工
23	半自动切割机	CG1-30	2	上海	2020	1.2	6～100mm	装修施工

续表

序号	设备名称	型号规格	数量	产地	制造年份	额定功率(kW)	生产能力	施工用途
24	手提电钻	TBM1000	5	浙江	2021	0.32	—	装修施工
25	砂轮切割机	J3G-400	5	浙江	2021	3	400mm	装修施工
26	电锤	GSB20-2RE	5	浙江	2021	0.701	—	装修施工
27	曲线锯	FCJ55VA	1	日本	2020	0.4	300r/min	装修施工

劳动力需要量计划表　　　　　　　表 10-7

序号	工种名称	需要量(人数)																
		2月	3月			4月	5月			6月			7月			8月		
		下旬	上旬	中旬	下旬	全月	上旬	中旬	下旬	上旬	中旬	下旬	上旬	中旬	下旬	上旬	中旬	下旬
1	木工		15	58	58	58	58	58	12	12	12	12	12	24	24	12	12	12
2	瓦工			26	26			25	25	25	25	25						
3	钢筋工		20	44	44	44	44	44										
4	混凝土工	16	44	75	75	75	75	75										
5	机械工	8	8	8	10	10	10	10	5	5	5	5	5	5	5	5	5	
6	架子工				15	15	15	15										
7	抹灰工							27	27		95	95	95	95	35		15	15
8	油工												20	20	20			
9	防水工									18								
10	普工	25	25															
11	其他	10	10	15	15	15	15	15	15	20	20	20	20	20	20	20	20	10

10.6　主体施工阶段现场平面布置

本工程采用商品混凝土，主体施工阶段现场不需要设混凝土搅拌站及砂石堆场。

10.6.1 起重运输机械位置的确定

基础回填土施工完毕，即可在建筑物的北面安装一台固定式塔式起重机。

10.6.2 各种作业棚、工具棚和材料的布置

1. 钢筋棚及钢筋堆场

每个钢筋工需作业棚 $3m^2$，堆场面积为其 2 倍。因此，按高峰时钢筋工人数 44 人计算，需钢筋棚面积 $3×44=132m^2$，堆场面积 $132×2=264m^2$。

因现场场地较狭小，故钢筋调直、切断、弯曲均设置在场地外进行。按施工进度现场只设置钢筋半成品加工场地及成品钢筋堆场。

2. 模板脚手架堆场

配备 3 套模板和适量的周转材料，选择 1 台锯木机用于模板加工。在场地外进行，现场只设置模板和脚手架堆场。因为模板主要是组合钢模板，根据进度要求进场，对脚手架和组合钢模板现场加工的主要工作是：修理和清洁及少量的木加工，处理后的模板和脚手架成品按规格分散堆放在建筑物北面的空地及模板加工的位置，模板及脚手架堆场面积为 $4×30=120m^2$，脚手架等周转性材料的堆场面积为 $6×14=84m^2$。

3. 砌块堆场

钢筋混凝土框架主体施工结束后，再进行墙体的砌筑，故先期堆放钢筋的场地，后期可堆放砌块。

10.6.3 临时设施

办公室：按 10 名管理人员考虑，每人 $4m^2$，则办公室面积为 $4×10=40m^2$。

工人宿舍：主体施工阶段最高峰人数为 150 名，由于建设单位已提供了 140 个床位的工人宿舍，因此现场还需搭设 10 名工人宿舍，每人 $3m^2$，则工人宿舍面积为 $3×10=30m^2$。

现场设简易食堂，面积约 $100m^2$。

10.6.4　利用原有道路作为临时道路

10.6.5　临时供水、供电

1. 供水：供水线路按枝状布置，根据现场总用水量要求，总管直径100mm，支管直径40mm。

2. 供电：直接利用建筑物附近建设单位的变压器。现场设一配电箱，通向塔式起重机的电缆线埋地设置。

根据以上计算结果绘制施工平面图，如图 10-3 所示。

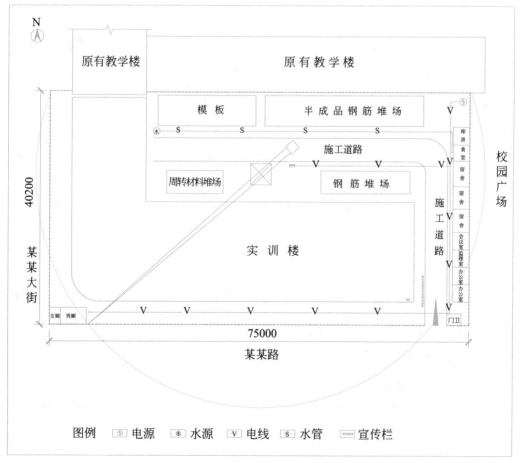

图 10-3　主体施工阶段施工平面图

10.7 制定主要管理措施

10.7.1　施工工期保证措施

根据我公司承建同类工程的经验，预计自开工之日起 202 个日历天能够全面完成标书范围内的工程任务内容。拟采取以下措施保证及缩短工期：

1. 生产要素控制

（1）组织措施

组成精干、高效的项目班子，确保指令畅通、令行禁止；同甲方、监理工程师和设计方密切配合，统一指导施工，统一指挥协调，对工程进度、质量、安全等方面全面负责，从组织形式上保证总进度的实现。

选派施工经验丰富的技术工人，人员按两班配备，关键工序 24h 连续作业。

针对本工程工期紧，施工队伍多的特点，将工程划分为两个施工段，形成平面上的交叉作业，有利于缩短工期。

建立生产例会制度，每天召开工程例会，围绕工程的施工进度、工程质量、生产安全等内容检查上一次例会以来的计划执行情况。

（2）技术措施

针对本工程的特点，采用长计划与短计划相结合的多级网络计划进行施工进度计划地控制与管理，并利用计算机技术对网络计划实施动态管理。采用成熟的"四新"技术，向科技要速度。

（3）材料保证措施

关键材料和特殊材料应提前将样品报送工程管理方审批，在工程管理方认可后订货采购，材料提报要有足够余数；材料的场内运输、保存、使用按最小的方式进行，尽量减少由于材料未及时订货或到货、性能与规格有误、品质不良、数量不足等给工程进度造成的延误。屋面卷材应提前 3d 以上进场。

（4）机械设备保证措施

1）在设备的配备中充分考虑了储备和富余量。

2）为保证施工机械在施工过程中运行的可靠性，还将加强管理协调。

（5）相邻工程施工互相影响的进度保证措施

我公司会与周围工程施工单位搞好协调，积极主动与其达成共识，互相协助对方。需要对方协助的问题，相互之间紧密配合，使各自的工程施工进展顺利。

2. 过程控制

（1）加强过程进度、质量控制，坚持施工工序旁站制、三检制、样板制的实施。施工过程中引入"下一道工序是用户"的服务理念，做到不返工，一次成优。

（2）加强管理人员的工程预见性。根据设计图纸、规范、气候条件以及同类工程的施工经验，提前做好预见预控工作。

（3）在雨期施工期间除了制定有针对性的防洪防汛措施外，根据未来阶段性天气预报，合理安排施工部位、施工项目施工。

（4）遵循"小流水、快节奏"的原则合理划分施工流水段，在保证安全的前提下，充分利用施工空间，进行结构、砌筑、外装修、屋面、安装、内装修等立体交叉，全方位作业，在施工安排上节约工期。

3. 计划控制

（1）资源配置计划：提前编制劳动力、机械设备、材料、成品半成品配置及加工订货、进场使用计划，并分别组织专人负责落实，保障施工。

（2）技术质量保障计划：提前制定各类技术方案、技术措施、质量管理措施的编制计划，计划中明确完成人、完成时间，及时有力地为施工生产提供技术保障。

（3）对施工计划进行动态管理，根据施工现场的实际情况，及时调整各分项的进度计划，解决实际问题，最终使整体施工计划得到实现。

（4）资金计划：根据资源、进度计划编制资金使用计划，使业主提前运作，为施工顺利进行提供资金保障。

4. 管理控制

（1）精心策划，优化方案，有预见性地处理好本工程与周边单位、居民的关系。

（2）周密计划、科学组织、严格管理，加强各专业之间的协调。

（3）优化雨期施工方案，提前备料，有效利用施工工期。

（4）定期召开现场生产调度会，发现问题及时解决，提高工作效率。

10.7.2 安全生产技术组织措施

我公司在施工中，将始终贯彻"安全第一、预防为主"的安全生产工作方针，认真执行国务院、住建部关于建筑施工企业安全生产管理的各项规定，强化安全生产管理，通过组织落实、规章制度落实、措施落实、责任到人、定期检查、认真整改，杜绝死亡事故，确保无重大工伤事故。

1. 制定安全管理制度

（1）安全技术交底制：根据安全措施要求和现场实际情况，相关管理人员需逐级进行书面交底，确保交底直至作业员工。

（2）班前检查制：专业责任技术负责人和有关管理人员必须监督和检查施工方法。

（3）作业与维护架体、模板工程、大中型机械设备安装实行验收制，凡不经验收的一律不得投入使用。

（4）定期检查与隐患整改制：经理部每周组织一次安全生产检查，对查出的安全隐患制定措施、定时间、定人员整改，并做好安全隐患整改销项记录。

（5）实行安全生产奖罚制度与事故报告制

1）危急情况停工制：一旦出现危及职工生命安全险情，要立即停工，同时报告公司，及时采取措施排除险情。

2）持证上岗制：特殊工种必须持有上岗操作证，严禁无证上岗。

2. 制定安全防范措施

（1）专项安全防范措施

1）钢筋工程

①冷拉钢筋时，卷扬机前应设防护挡板，或将卷扬机与冷拉方向成90°，且应用封闭式导向滑轮，沿线须设围栏禁止人员通行。冷拉钢筋应缓慢均匀，发现锚具异常，要先停车，放松钢筋后，才能重新进行操作。

② 切断钢筋，要待机械运转正常，方准断料。活动刀片前进时禁止送料。

③ 切断机旁应设放料台，机械运转时严禁用手直接靠近刀口附近清料，或将手靠近机械传动部位。

④ 严禁戴手套在调直机上操作。

⑤ 弯曲长钢筋，应有专人扶住，并站在钢筋弯曲方向外侧。

⑥ 点焊操作人员应戴护目镜和手套，并站在绝缘地板上操作。

⑦ 对接焊钢筋（含端头打磨人员）应戴护目镜，在架子上操作须系安全带。

⑧ 多人运送钢筋时，起、落、转、停，动作要一致，人工上下传递不得在同一垂直线上，钢筋要分散堆放，并做好标示。

⑨ 起吊钢筋或骨架，下方禁止站人，待钢筋或骨架降落至安装标高 1m 以内方准靠近，并等就位支撑好后，方准摘钩。

2）模板工程

① 模板的安装

a. 支模应按工序进行，模板没有固定前，不得进行下道工序。

b. 支设 4m 以上的柱模板时，应搭设工作台，不足 4m 的，可使用马凳操作。

c. 五级以上大风、大雾等天气时，应停止模板的吊运作业。

② 模板的拆除

a. 拆除时应严格遵守"拆模作业"的要点规定。

b. 工作前应事先检查所使用的工具是否牢固，扳手等工具必须用绳系在身上，工作时要思想集中，防止钉子扎脚或工具从空中滑落。

c. 已拆除的模板、拉杆、支撑等应及时运走或妥善堆放。

d. 在楼面上有预留洞时，应在模板拆除后，随时将板的洞盖严及做好安全防护。

e. 拆除板、柱、梁、模板时应注意：拆模顺序应为后支的先拆，先支的后拆，先拆非承重部分，后拆承重部分。重大复杂模板的拆除，事先要制定拆模方案。定型模板，特别是组合式钢模板，要加强保护，拆除后逐块传递下来，不得抛掷，拆后清理干净，板面涂刷脱模剂，分类堆放整齐，以利再用。

3）混凝土工程

① 浇捣混凝土，应站在脚手架上操作，不得站在模板或支撑上操作，操作时应戴绝缘手套、穿胶鞋。

② 泵车下料胶管、料斗都应设牵绳。

③ 用输送泵输送混凝土，料管卡子必须卡牢，检修时必须先卸压。清洗料管时，严禁人员正对料管口。

④ 浇筑雨篷、阳台应有防护设施，以防坠落。

⑤ 夜间浇筑混凝土，必须保证足够的照明设备，并做好保护接零。

4）防水工程

① 对有皮肤病、眼病、刺激过敏等人员，不得从事该项作业。施工过程中，如发生恶心、头晕、刺激过敏等症状时，应立即停止操作。

② 操作时要注意风向，防止下风方向作业人员中毒或烫伤。

③ 存放卷材和胶粘剂的仓库和现场要严禁烟火，配备足够消防器材，如需用明火，必须有防火措施，且应设置一定数量的灭火器材和沙袋。

④ 屋面周围应设防护栏杆；孔洞应加盖封严，较大孔洞周边设置防护栏杆，并加设水平安全网。

⑤ 下雨天气必须待屋面干燥后，方可继续作业，刮大风时应停止作业。

5）塔式起重机作业

进入施工作业现场的塔式起重机司机，要严格遵守各项规章制度和现场管理规定。确保驾驶室内24h有司机值班。交班、替班人员未当面交接，不得离开驾驶室，交接班时，要认真做好交接班记录。

（2）安全防护

1）基础施工

① 基坑顶部四周应做挡水矮墙，同时还要设置防护栏杆，且临近坑边1m范围内不得堆放重物。

② 基坑内要搭设上下通道，通道两侧必须搭设防护栏杆，坡道面上应铺设防滑条。

2）脚手架

① 所选用的钢管、扣件、跳板的规格和质量必须符合有关技术规定的标准要求。

② 确保脚手架结构的稳定且具有足够的承载力。

③ 要认真处理脚手架地基（如对地基平整夯实，抄平后设置垫木等），确保地基具有足够的承载能力，避免脚手架发生不均匀沉降。

④ 脚手板要铺满、铺平、不得有探头板。作业层的外侧面应设挡脚板。

⑤ 脚手架作业层的下方应绑水平兜网。

⑥ 脚手架必须有良好的防电、避雷装置，并应有接地。

⑦ 五级以上大风、大雾、大雨或大雪天气暂停在脚手架作业。

⑧ 脚手架在适当部位设置上下人员用斜道，斜道上应设防滑条，斜道两侧应搭设防护栏杆并设置安全立网封闭。

⑨ 脚手架搭设完毕后经有关人员进行验收后方可投入使用。

⑩ 高层脚手架拆除前须有拆除方案。

3）临边防护

对临边高处作业，必须设置防护设施，并符合下列规定：

① 基坑周边、尚未安装栏杆或栏板的阳台、料台与挑平台周边、雨篷与挑檐边、无外脚手架的屋面与楼层、水箱周边等处，必须设置防护栏杆。

② 分层施工的楼梯口和楼梯边，须安装临时护栏。顶层楼梯口应随工程结构进度安装正式防护栏杆。

③ 施工外用电梯和脚手架等与建筑物通道的两侧边，必须设防护栏杆。地面通道上部应设安全防护棚。

④ 各种垂直运输接料平台，除两侧必须设防护栏杆外，平台口应设置安全门或活动防护栏杆。

4）洞口防护

楼面上的所有施工洞口应及时覆盖以防人身坠落，严禁移动盖板（采取预留钢筋网的措施）；进行洞口作业以及在由于工程和工序需要而产生的，使人与物有坠落危险或危及人身安全的其他洞口进行高处作业时，必须按下列规定设置防护设施：

① 板与墙的洞口，必须设置牢固的盖板、防护栏杆、安全网或其他防坠落的防护设施。

② 电梯井口必须设固定栅门。电梯井内（管道竖井内）自首层开始支设水平网，以上每隔两层支设一道水平接网，网边与井壁周边间隙不得大于

20cm，网底距下方物体或横杆不得小于3m。施工层应搭设操作平台，并满铺跳板。

③ 施工现场通道附近的各类洞口与坑槽边等处，除设置防护设施与安全标志外，夜间还应设红色示警灯。

10.7.3 制定文明施工环保管理措施

1. 文明施工管理目标

（1）本工程对环境有着较高的要求，作为施工方我们将依据 ISO14001 环境管理体系认证，认真贯彻执行住建部、××省关于施工现场文明施工管理的各项规定，使施工现场成为干净、整洁、安全和合理的文明工地。

（2）鉴于本工程的特点，我公司将重点控制和管理现场布置、临建规划、现场文明施工、大气污染、废水污染、废弃物管理、资源的合理使用以及环保节能型材料设备的选用等。在制定控制措施时，考虑对企业形象的影响、环境影响的范围、影响程度、发生频次、社区关注程度、法规符合性、资源消耗、可节约程度以及材料设备对建筑物环保节能效果等。

（3）工作制度：建立并执行施工现场环境保护管理检查制度。

2. 文明施工的实施措施

（1）现场围挡

1）围挡高度按当地行政区域的划分，市区主要路段的工地周围设置的围挡高度不低于 2.5m；一般路段的工地周围设置的围挡高度不低于 1.8m。

2）围挡材料选用砌体、金属板材等硬质材料，做到坚固、平稳、整洁、美观。

3）围挡的设置须沿工地四周连续进行，不能有缺口或个别处不坚固等问题。

（2）封闭管理

1）施工工地应有固定的出入口。

2）出入口处有专职门卫人员及门卫管理制度。

3）进入施工现场的人员都佩戴工作卡。

（3）施工场地

1）施工地的地面，要硬化处理，使现场地面平整坚实。

2）施工场地应有循环干道，且保持畅通，不堆放构件、材料，道路应平整坚实。

3）施工场地设有良好的排水设施，保证畅通排水。

4）工程施工的废水、泥浆应经流水槽或管道排入工地集水池统一沉淀处理。

5）施工现场的管道不能有跑、冒、滴、漏或大面积积水现象。

6）施工现场应该禁止吸烟防止发生危险，按照工程情况设置固定的吸烟室或吸烟处，吸烟室远离危险区并设必要的灭火器材。

（4）材料堆放

1）施工现场工具、构件、材料的堆放按照总平面图规定的位置放置。

2）各种材料、构件堆放按品种、分规格堆放，并设置明显标牌。

3）各种物料堆放必须整齐：砖成丁，砂、石等材料成方，大型工具一头见齐，钢筋、构件、钢模板堆放整齐，并设置明显标牌。

4）作业区及建筑物楼层内，随完工随清理，除现浇混凝土的施工层外，下部各楼层凡达到强度的随拆模随及时清理运走，不能马上运走的必须码放整齐。

（5）现场住宿

1）施工现场将施工作业区与生活区严格分开，不能混用。在建工程不得兼作宿舍。

2）冬季住宿应有保暖措施。

3）炎热季节宿舍应有消暑和防蚊虫叮咬措施，保证施工人员有充足睡眠。

4）宿舍外周围环境好，室内照明灯具低于 2.4m 时，采用 36V 安全电压，不准在电线上晾衣服。

（6）现场防火

1）施工现场应根据施工作业条件制定消防制度和消防措施，并记录落实效果。

2）按照不同作业条件，合理配备灭火器材。灭火器材设置的位置和数量等均应符合有关的消防规定。

3）施工现场应建立明火审批制度。凡有明火作业的必须经主管部门审批，作业时，应按规定设监护人员；作业后，必须确认无火源危险时方可离开。

（7）治安综合治理

施工现场应建立治安保卫制度和责任分工，并有专人负责进行检查落实情况。

（8）施工现场标牌

1）施工现场的进口处应有整齐明显的"五牌一图"。五牌是指：工程概况牌、管理人员名单及监督电话牌、消防保卫牌、安全生产牌、文明施工牌；一图是指：施工现场总平面图。

2）标牌内容应有针对性，标牌制作、标准也应规范整齐，字体工整。

（9）生活设施

1）施工现场应设置符合卫生要求的厕所，并有专人负责管理。

2）食堂建筑、食堂卫生必须符合有关的卫生要求。

3）食堂应在显著位置标示卫生责任制并落实到人。

4）施工现场应按作业人员的数量设置足够使用的淋浴设施，淋浴室在寒冷季节应有暖气、热水，淋浴室应有管理制度和专人管理。

3. 环境保护具体措施

（1）防止对大气污染

1）施工阶段，定时对道路进行淋水降尘，控制粉尘污染。

2）建筑结构内的施工垃圾清运，采用容器吊运或袋装，严禁随意凌空抛撒。

3）水泥和其他易飞扬物、细颗粒散体材料，安排在库内存放或严密遮盖，运输时要防止遗撒、飞扬，卸运时采取码放措施，减少污染。

（2）防止对水污染

1）确保雨水管网与污水管网分开使用，严禁将非雨水类的其他水排入市政雨水管网。

2）施工现场厕所设化粪池，将污物经过沉淀后排入市政的污水管线。设罐车冲洗池，将罐车清洗所用的废弃水经沉淀后排入市政污水管线，定期将池内的沉淀物清除。

3）加强对现场存放的油品和化学品的管理，采取有效措施，在储存和使用中，防止油料跑、冒、滴、漏，污染水体。

（3）防止施工噪声污染

现场遵照《建筑施工场界噪声排放标准》GB 12523—2011 制定降噪措施。采用低噪声设备、控制现场噪声，主要噪声设备采用隔声处理。

（4）废弃物管理

1）施工现场设立专门的废弃物临时贮存场地，废弃物应分类存放，对有可能造成二次污染的废弃物必须单独贮存、设置安全防范措施且有醒目标识。

2）废弃物的运输确保不散撒、不混放，送到政府批准的单位或场所进行处理、消纳，对可回收的废弃物做到再回收利用。

（5）材料设备的管理

1）对现场堆场进行统一规划，对不同的进场材料设备进行分类合理堆放和储存，并挂牌标明标示，重要设备材料利用专门的围栏和库房储存，并设专人管理。

2）在施工过程中，严格按照材料管理办法，进行限额领料。

3）对废料、旧料做到每日清理回收。

10.7.4　环保及扬尘治理措施

1. 确定管理目标

在施工过程中，严格执行环保措施，按照环境管理体系要求，建立并实施体系化的环境保护管理工作，在现场声、光、水、气、废弃物、能源等方面进行控制。

2. 成立专门小组，专人负责

建筑施工现场防治扬尘和大气污染，实行项目经理负责制，并由专人负责扬尘作业的控制管理。加强对施工人员的宣传教育，提高施工人员的防治扬尘和大气污染的意识。

3. 具体防尘措施

（1）工地内设置相应的车辆冲洗设施和排水、泥浆沉淀设施，运输车辆应当冲洗干净后出场，并保持出入口通道及道路两侧各 50m 范围内的整洁。

（2）施工中产生的物料堆放应当采取遮盖、洒水、喷洒覆盖剂或其他防尘措施。

（3）施工产生的建筑垃圾、渣土应当及时清运。

（4）工程高处的物料、建筑垃圾、渣土等应当用容器垂直清运，禁止凌空抛掷；施工扫尾阶段清扫出的建筑垃圾、渣土，应当装袋扎口清运或用密闭容器清运；外架拆除时应当采取洒水等防尘措施。

（5）从事平整场地、清运建筑垃圾和渣土等施工作业时，应当采取边施工边洒水等防止扬尘污染的作业方式。

（6）房屋建筑工程外侧应采用统一合格的密目网全封闭防护，物料升降机架体外侧应使用立网防护。

（7）现场道路及加工区进行混凝土硬化处理，临时未硬化的采用草垫铺路，在现场局部区域进行绿化美化。

10.7.5　成品保护措施

工程开工前，成品保护小组应对需要进行成品保护的部位列出清单，并制订出成品保护的具体措施。

成品保护小组在施工组织设计阶段应对工程施工工艺流程提出明确要求。严格按顺序施工。上道工序与下道工序之间要办理交接手续，证明上道工序完成后方可进行下道工序。

各楼层设专人负责成品保护，结构施工阶段，安排2人巡检；装修安装阶段，每个楼层安排2人检查。

成品保护小组每周举行一次协调会，集中解决发现的问题，指导、督促各单位开展成品保护工作，并协调好相互工作的成品、半成品保护工作。

加强成品保护教育，质量技术交底必须有成品保护的具体措施。

工程成品保护人员应按质量保证计划中的成品保护职责与方法，执行成品保护工作，直到竣工验收，办理移交手续后终止。

在工程未办理竣工验收移交手续之前，任何人不得使用工程成品内任何设施。

10.7.6　防疫措施

1. 现场建立以项目经理为首的防疫工作小组，遵守《中华人民共和国传染病防治法》和中华人民共和国国务院令《突发公共卫生事件应急条例》，加强领导、强化责任。

2. 现场全封闭，严格实行出入登记制，避免群体出入，严禁外来人员在工地留宿。

3. 请专业卫生防疫部门定期对现场、工人生活基地和工程进行防疫和卫生的专业检查、消毒和处理。

4. 现场设专用隔离间，如有疫情发生，立即进行隔离，并上报防疫部门。

5. 制定防疫应急预案。成立疫情管理机构，工地内采取严密的隔离措施，做好隔离区内疫情防治工作。

10.8　智慧工地管理

依据各地方标准和管理办法对智慧工地进行管理，在工程建设中综合应用移动互联网、物联网、BIM 技术和数字化技术进行施工管理，通过对施工现场"人、机、料、法、环"等关键生产要素的全面感知和实时互联，实现工地的数字化、智能化，实现劳务实名管理、工程质量、安全管理、进度管理、（绿色施工）降尘减噪、降低成本等目标，为施工领域信息化建设起到示范作用。

10.8.1　人员管理

工地出入口安装实名制通道闸机，实时采集人员考勤信息；结合在线教育 APP、VR 体验馆等辅助工人培训教育。

10.8.2　生产管理

通过智慧工地平台挂接 BIM 模型，并利用模型进行可视化进度展示，完成进度预警，辅助现场纠偏。如图 10-4 所示。

图 10-4　地磅周边智能监控

10.8.3　技术管理

将施工图纸、施工方案、技术交底、BIM 模型、施工组织设计等文件上传至技术管理版块；在智慧工地平台上建立技术审核审批流程。如图 10-5 所示。

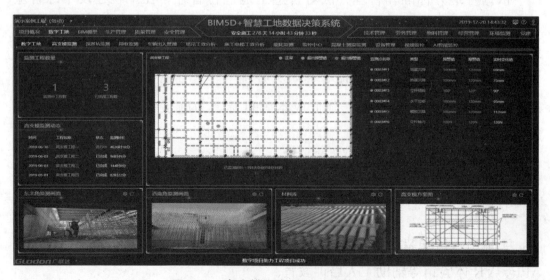

图 10-5　高支模安全监测及数据分析

10.8.4　质量管理

利用智慧工地平台对项目质量计划进行管理，并利用手机 APP 对现场质量问题进行检查并监督整改；利用质量管理模块对检验检测数据在线监控。

10.8.5　安全管理

利用智慧工地安全管理模块对安全方案进行动态管控；利用手机 APP 对现场风险管控、隐患排查的安全问题进行检查，并在线监督整改；利用现场人员的机动性，结合手机 APP 一键推送应急事件的功能实现。

10.8.6　环境管理

安装 β 射线环境参数监测设备，自动收集小气候数据，并提前设置限值，实现动态预警，结合物联网技术将喷淋设备进行连接，实现自动降尘的效果；安装智能水、电表，动态监控实时用水量。如图 10-6 所示。

图 10-6　车辆自动清洗

10.8.7　机械设备管理

安装塔式起重机和施工升降机的安全监控设备，对各种限位参数进行监控，并安装塔式起重机可视化设备，提高操作的准确性。

10-1
装配式建筑
施工组织设计

10-2
钢结构建筑
施工组织设计

参 考 文 献

［1］ 南振江．建筑施工组织与管理实务［M］．北京：中国建筑工业出版社，2010．

［2］ 王利文．土木工程施工组织与管理［M］．北京：中国建筑工业出版社，2014．

［3］ 孙岩，高喜玲．安装工程施工组织与管理［M］．北京：中国建筑工业出版社，2015．

［4］ 曹吉鸣．工程施工组织与管理［M］．北京：中国建筑工业出版社，2012．

［5］ 周国恩．建筑施工组织与管理［M］．北京：高等教育出版社，2002．

［6］ 张玉威．建筑施工组织［M］．北京：中国建筑工业出版社，2011．

［7］ 王军霞．建筑施工技术［M］．北京：中国建筑工业出版社，2017．

［8］ 张洁．施工组织设计［M］．北京：机械工业出版社，2017．

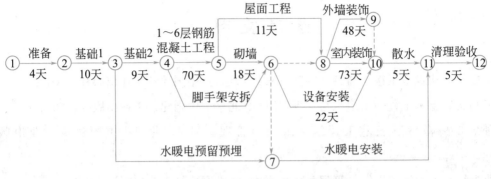

(a) 施工总进度计划网络图

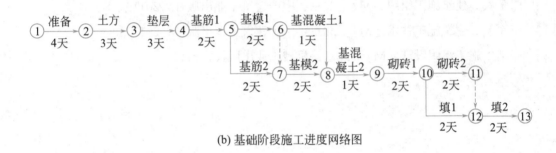

(b) 基础阶段施工进度网络图

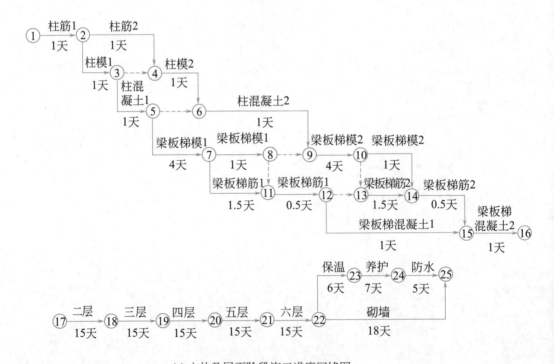

(c) 主体及屋面阶段施工进度网络图

附图1 实训楼网络计划图（一）

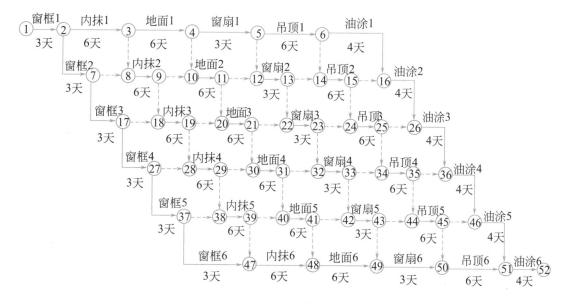

(d) 室内装修施工进度网络图

(e) 外墙装饰施工进度网络图

附图 1 实训楼网络计划图（二）